MÉMOIRE

SUR LE

VIN DE CHAMPAGNE

PAR

M. LOUIS-PERRIER

ÉPERNAY

BONNEDAME FILS

Imprimeur-Éditeur

M.DCCC.LXXXVI

MÉMOIRE

SUR LE

VIN DE CHAMPAGNE

MÉMOIRE

SUR LE

VIN DE CHAMPAGNE

PAR

M. LOUIS-PERRIER

ÉPERNAY

BONNEDAME FILS

Imprimeur-Éditeur

—

M.DCCC.LXXXVI

AVANT-PROPOS

Ce n'est pas un livre nouveau que nous publions, en éditant *le Mémoire sur les vins de Champagne*, de M. Louis-Perrier. Une édition qui n'est pas dans le commerce, a précédé la nôtre; mais elle est si peu connue qu'il est difficile d'en trouver un exemplaire ; c'est avec peine que nous avons pu nous procurer le texte qui suit pour en faire la réimpression.

En 1830, M. Louis-Perrier avait envoyé son mémoire à la *Société des Bibliophiles français*, qui le comprit dans sa publication périodique et qui fit même à l'auteur les honneurs d'un tirage à part sous la forme d'une coquette brochure. Cet opuscule, tiré avec soin en caractères elzéviriens sur papier vergé, à un petit nombre d'exemplaires furent donnés à quelques amateurs seulement. Ils sont aujourd'hui enterrés, pour ainsi dire, dans quelques bibliothèques de la Champagne.

On peut donc considérer ce premier document comme une rareté. Voilà pourquoi nous nous faisons un devoir de le rééditer.

Le *Mémoire sur les Vins de Champagne*, de M. Louis-Perrier, non-seulement possède des renseignements les plus intéressants puisés dans les bibliothèques publiques et privées du département de la Marne, mais encore il est suivi de notes justificatives qui lui donnent une autorité et une authenticité irréfutables.

L'auteur vivait à l'époque où notre vin mousseux commençait à prendre un grand essor, c'est-à-dire, vers le commencement de notre siècle; il avait assisté au triomphe de notre vin de Champagne lorsqu'on entreprit avec succès de lui faire faire le tour du monde. Il avait les oreilles pleines des légendes de l'abbaye d'Hautvillers, d'où grâce à Dom Perrignon, notre vin gris ou nuancé, avantageusement connu depuis des siècles, sortit un jour parfaitement blanc et pétillant, grâce à l'addition de la liqueur, qui en fait le vin de dessert le plus estimé. Un peu plus tard, Dom Perrignon, aux tampons de chanvre employés jusque-là, substitua le bouchage au liège.

M. Louis-Perrier prend son sujet de haut : il commence au Pape Urbain II, qui avait en haute estime le vin d'Ay ; il le fait passer par Charles-Quint, Henri IV, la Régence et le mène jusqu'à nos jours

L'auteur s'étend sur la période où le vin de Champagne transformé en mousseux fut d'abord appelé dédaigneusement *saute-bouchon*. Puis il termine son étude en engageant un autre écrivain à compléter plus tard son ouvrage.

C'était assurément plus facile à dire qu'à faire, car depuis, on a beaucoup écrit sur le vin de Champagne ; mais on n'a rien ajouté aux documents laissés par M. Louis-Perrier, assurément parce qu'il n'y a rien de plus à dire sur l'historique de notre vin Champenois.

Ce ne sont pas les anecdotes plus ou moins authentiques qui ont paru à droite et à gauche, ni la description des machines ingénieuses devenues nécessaires à la manutention de nos vins, qui ajouteraient grand chose au *Mémoire sur les Vins de Champagne* de M. Louis-Perrier ; aussi, dans la crainte de déflorer cet intéressant travail, avons-nous préféré le publier tel qu'il est.

Nous ne voulons pas terminer ce petit avant-propos sans dire quelques mots sur l'auteur des lignes suivantes, mort avocat dans la ville d'Epernay, qu'il habitait depuis de longues années et où il a rendu d'éminents services.

M. Jean-Pierre-Armand Louis est né à Ay, le 19 mai 1791.

En 1801, il suivit les cours de latin, faits par M. Gautier, ancien bénédictin d'Hautvillers, retiré à Ay depuis la Révolution.

En novembre 1803, il fut mis à Reims dans une pension, dite collège de Reims, tenue par trois ecclésiastiques, anciens professeurs de l'Université, revenus de l'émigration, sous la direction de l'abbé Legros principal ; ensuite il revint à Ay suivre de nouveau pendant trois ans, les cours de l'abbé Gautier.

En 1807, il entra au lycée de Reims, ayant comme proviseur M. Bertin, et comme censeur M. Bouquet, tous deux anciens Minimes, ayant dirigé l'école de Brienne et celle de Compiègne.

M. Louis, qui fit ensuite de brillantes études à Paris, embrassa la carrière du barreau, et consacra son existence tout entière à la ville d'Epernay qu'il vint habiter, pour ne plus la quitter, à l'âge de 28 ans.

Peu d'années après, M. Louis épousa Mlle Virginie Perrier, la sœur de M. Eugène Perrier qui fut longtemps député de Châlons et de MM. Joseph et Benjamin Perrier, trois frères qui les premiers, à Châlons, se sont occupés du commerce des vins de Champagne et dont les marques sont encore aujourd'hui connues en France et à l'Étranger.

Durant près de cinquante années, M. Louis Perrier remplit brillamment le rôle d'avocat; mais il consacra tous ses moments perdus à la chose publique.

C'est ainsi qu'après avoir figuré au Conseil municipal, il fut nommé, peu après, adjoint de la ville. Il remplit ce mandat jusqu'au moment où son grand âge ne lui permit plus de continuer à sa ville d'adoption, sa précieuse collaboration.

Doué d'une mémoire et d'une intelligence rares, s'assimilant facilement toutes choses, il fut, tour à tour, conseiller d'arrondissement, directeur de la Caisse d'Epargne, membre du bureau d'administration du Collège, membre de la commission des prisons, membre du conseil d'hygiène, de la commission de l'hospice, président et directeur de beaucoup d'autres sociétés.

Ces diverses fonctions administratives l'ont fait beaucoup aimer dans la ville d'Epernay.

Non seulement M. Louis-Perrier était un avocat de bon conseil; mais il était aussi un juge éclairé, car il fut membre du tribunal civil d'Epernay durant de longues années.

M. Louis-Perrier aurait pu être maire d'Epernay; mais sa modestie, cette preuve incontestable d'un grand mérite, ne lui permit d'accepter que le second rôle, bien qu'il fût toujours l'âme de l'administration municipale.

Tant de dévouement devait trouver sa récompense, M. Louis Perrier fut nommé Chevalier de la Légion d'honneur. Jamais distinction de ce genre ne fut accueillie plus favorablement par les Sparnaciens.

M. Louis-Perrier s'est éteint à l'âge de 83 ans entouré de l'estime de ses concitoyens.

Voilà, à grands traits, la vie simple, et cependant si bien remplie, de l'auteur du *Mémoire sur les Vins de Champagne.*

Avant de présenter ce consciencieux ouvrage, il nous paraissait utile de dire quelques mots de M. Louis-Perrier.

Un livre est assurément plus intéressant quand on connaît l'auteur.

RAPHAEL BONNEDAME.

Éditeur,

Directeur du *Vigneron Champenois.*

Septembre 1886.

MÉMOIRE

SUR LE

VIN DE CHAMPAGNE

La bibliothèque d'Epernay possède quelques documents relatifs à la culture de la vigne et aux origines du vin de Champagne : ils ne me paraissent pas avoir été consultés par ceux qui ont jusqu'à présent traité le même sujet et peut-être trouvera-t-on qu'il y avait quelque intérêt à les mettre au jour.

Les vins de Champagne sont depuis longtemps connus: notre compatriote, Urbain II (1), élu pape en 1088 et mort en 1099 (l'année même où l'Europe chrétienne, soulevée par ses éloquentes pré-

---

(1) On élève en ce moment à Châtillon-sur-Marne, qu'on suppose en effet être le berceau d'Urbain II, une statue à sa mémoire. Placée au milieu des ruines de l'ancien Château, elle dominera la vallée de la Marne qui est très-belle en cet endroit. *(Note des Éditeurs).*

dications, inaugurait le second royaume de Jérusalem), le pape Urbain II préférait, dit-on, le vin d'Ay à tous les vins du monde (1) : il est à présumer qu'il entendait parler des vins rouges. Mais à quelle époque a-t-on commencé à demander des vins blancs à la Champagne ? A quelle date remontent les vins mousseux ? On pourra déjà trouver une réponse assez juste à ces questions dans un Mémoire imprimé à Reims, pour la première fois en 1718, réimprimé avec des additions considérables en 1722, et compris en grande partie dans la *Nouvelle maison rustique* de 1736 (2).

« Il n'y a guère plus de 50 ans, » lit-on dans ce Mémoire, « que les Champenois se sont étudiés à faire du vin *gris* presque blanc; mais auparavant, leur vin, quoique rouge, était fait avec plus de soin et de propreté que tous les autres vins du royaume. »

Quant à la couleur des vins de Champagne, un

(1) *Mélanges*, manuscrit du président Bertin du Rocheret, t. I, p. 838.

(2) *Manière de cultiver la vigne et de faire le vin en Champagne*. — La *Biographie universelle* de Michaud, désigne dom Perignon comme auteur de ce Mémoire ; c'est une erreur: dom Pérignon était mort avant 1718. Le Mémoire paraît devoir être attribué à M. Jean Godinot, chanoine de Reims, né en 1662 et mort en 1749. Godinot fut en même temps chanoine exact et commerçant habile. Il s'enrichit avec le vin de Champagne et ses gains ne cessèrent d'être le revenu des pauvres.

document plus ancien nous est fourni par l'ouvrage intitulé : *l'Agriculture et Maison rustique de MM. Etienne et Jean Liébaut* (1).

On y voit que les vins faits en Champagne avant 1670 n'étaient pas tous rouges comme l'auteur du Mémoire qu'on vient de citer semblait le faire entendre ; il y est aussi question de leur qualité : « Au vin, on considère la couleur, saveur, odeur, faculté et consistance. Quant à la couleur, aucun est blanc, autre flave ou fauve ou jaunâtre, ou entre blanc et roux, comme couleur de miel, autre rouge, autre vermeil, noir ou couvert. » Puis appliquant ces distinctions aux produits des divers vignobles, les auteurs s'expriment ainsi sur le vin de Champagne (2) : « Les vins d'Ay et d'Izancy le plus souvent tiennent le premier rang en bonté et perfections sur tous les autres vins, et sont, toutes les années bonnes ou mauvaises, trouvés meilleurs que tous les autres, soit françois (3) ou de Bourgogne ou d'Anjou.

Les vins d'Ay sont clairets et *fauvelets*, subtils, délicats et d'un goût fort agréable au palais ; par ces causes, souhaités pour la bouche des rois, princes et grands seigneurs, et cependant oligophores, c'est-à-dire si délicats qu'ils ne portent l'eau qu'en fort petite quantité. Les vins d'Izancy

---

(1) Dernière édition, 1658, p. 588.
(2) Page 558.
(3) De l'Isle-de-France.

sont de consistance médiocre, rouges de couleur, quand ils sont parvenus à maturité. »

Ainsi, les vins qui se faisaient alors à Ay étaient un peu colorés, clairets, *fauvelets* : et d'après le Mémoire de 1718, ce serait vers l'an 1670 qu'on aurait vu paraître en Champagne le vin blanc dont la production a enrichi notre province. Il avait auparavant une couleur fauve ; on le fit d'abord moins coloré, sans le rendre tout à fait blanc. Un peu plus tard on crut le perfectionner en le rendant, pour ainsi dire, incolore ; mais c'était à force de soins qu'on y parvenait, comme nous l'apprenons encore du Mémoire précédemment cité (1) :

« On commence à vendanger une demi-heure après le lever du soleil ; et si le soleil est sans nuage et qu'il soit un peu ardent, sur les neuf ou dix heures, on cesse de vendanger et on fait son *sac* ou cuvée ; parce que, passé cette heure, le raisin étant échauffé, le vin seroit coloré ou teint de rouge et demeureroit trop foncé. Dans ces occasions on prend un plus grand nombre de vendangeuses, afin de cueillir un sac dans deux ou trois heures ; si le temps se couvre, on peut vendanger toute la journée, parce que tout le jour le raisin se conserve dans sa fraîcheur sur la souche ; la grande attention doit être de presser les vendangeuses et les pressureurs afin que le raisin ne soit ni foulé ni échauffé quand on le pressure ; il

_____

(1) Page 11.

faut faire en sorte que le raisin ait encore sa fleur sous le pressoir (1).

« Quand les pressoirs sont près des vignes, il est plus aisé d'empêcher que le vin n'ait de la couleur, parce qu'on y porte doucement et promptement les raisins en peu de temps. C'est un principe certain que quand les raisins sont coupés, plus tôt ils sont pressurés et plus le vin est blanc et délicat. »

Plus loin (2), ce même Mémoire, en confirmant ce qu'il a dit de l'introduction des vins blancs dans les produits de la Champagne, conseille à d'autres vignobles d'adopter la méthode de ce pays : « La chaleur du climat (en Languedoc et Provence) ne permettra peut-être pas, » dit-il, « de faire des vins tout à fait blancs avec des raisins noirs ; ils auront un peu de couleur et ils n'en seront que plus exquis, comme ceux qu'on faisoit, il y a cinquante ans, en Champagne (3). Ces vins dans le fond sont meilleurs au goût et plus favorables à la santé que les vins tout à fait blancs, qui ne peuvent se servir qu'à la fin des repas. »

Soit que cette dernière observation ait été re-

---

(1) Ces précautions qui pouvaient avoir de précieux résultats, semblent aujourd'hui tout à fait abandonnées. Au reste, la couleur trop prononcée du vin nouveau s'affaiblit sensiblement après la première fermentation.

(2) Page 37.

(3) Vers 1670.

connue exacte, soit parce qu'on se lasse de tout et qu'on aspire au changement, on a fait du vin rosé. Le 9 janvier 1739, M. Bertin du Rocheret (1) envoyait deux pièces, deux caques à M. Jubécourt, au prix de cent cinquante à deux cents livres.

L'année suivante, 21 juillet, il demandait à M. Durand, son beau-frère, comment il fallait s'y prendre pour obtenir vingt-quatre flacons œil de perdrix; il voulait sans doute fournir du vin semblable à celui d'un concurrent qui avait adopté pour le sien cette qualification d'ailleurs depuis longtemps connue (2).

En 1747, le vin rosé se vendait à Ay trois cents livres; en 1749, cinq cents livres (3).

---

(1) Lieutenant criminel à Epernay, né en 1693, mort en 1762; il a laissé des Mémoires; il était propriétaire de vignes à Ay, Pierry, Epernay.

(2) Un trouvère du treizième siècle recommandait déjà cette couleur dans le vin autrefois si célèbre de Saint-Pourçain :

> Car je sui nés de bonne branchë,
> Qui n'est trop rouge ni trop blanche.
> J'ai la bouche, j'ai la couleur,
> Nus homs ne peut trover meilleur.
> Œil de perdris, c'est mon viaire,
> A meilleur couleur né puis traire.

(La desputoison du vin et de l'iau, dans le Nouveau Recueil de Contes, Dits et Fabliaux, publié par A. Jubinal, 1839, t. I, p. 302).

(3) La queue : deux pièces de cent quatre-vingt-dix litres chacune.

Maintenant, on paraît moins apprécier la blancheur des vins ; on prend moins de précaution pour l'obtenir, et même, pour satisfaire au goût de certaines contrées, on veut qu'il affecte une légère couleur qui lui a fait quelquefois donner le nom de vin *brown* ou *brun*.

La date que notre Mémoire assigne à la confection des vins particulièrement dits de *Champagne*, coïncide bien avec la tradition qui attribue cette innovation à dom Perignon, religieux bénédictin de l'abbaye d'Hautvillers, ordre de Saint-Maur. Dom Perignon était né à Sainte-Ménehould et mourut à Hautvillers en 1715, âgé de soixante-dix-sept ans, après avoir été cellerier et procureur de sa maison conventuelle pendant quarante-sept ans. Il avait donc commencé vers 1668 l'exercice de cette charge de confiance (1).

Il faut aussi rappeler le nom de frère Jean Oudart, religieux convers bénédictin de l'abbaye de Saint-Pierre de Châlons, qui résida toute sa

---

(1) Voici l'inscription gravée sur la tombe de dom Perignon, dans l'église abbatiale d'Hautvillers, devenue église paroissiale. Cette église n'a pas été démolie, quoi qu'en dise la biographie Michaud.

D. O. M.

Hic jacet Dom. Petrus Perignon hujus M.-N.-RII per annos quadraginta septem cellelarius (sic); qui, re familiari summa laude administrata, virtutibus plenus paternoque imprimis in pauperes amore, obiit, ætate 77ᵉ anno 1715.

Requiescat in pace. — AMEN.

vie dans la maison que ces religieux possédaient à Pierry, et dont la réputation de fin connaisseur n'était guère moins bien établie que celle de dom Perignon. Il s'entendait également à faire bien le vin et à le vendre bien (1). On recherchait alors singulièrement la cuvée que les bons Pères tiraient d'une de leurs vignes, appelée le Clos-Saint-Pierre; et, pour en obtenir, les amateurs offraient des prix ordinairement très-élevés.

Après avoir vu vers quelle époque nos raisins se sont convertis en vins blancs, nous apprendrons encore de l'auteur du Mémoire déjà cité, quand ces vins, d'abord tranquilles, sont devenus mousseux.

« Depuis plus de vingt ans (1698), le goût des François (2) s'est déterminé au vin mousseux; on l'a aimé, pour ainsi dire, jusqu'à la fureur; on a commencé seulement d'en revenir un peu dans les trois dernières années. » (3).

D'après cette autorité, le vin mousseux n'aurait été connu en Champagne que vers la fin du dix-septième siècle. Le nouveau procédé fut accueilli avec une sorte d'enthousiasme; la mousse fit fureur: mais quelques années passèrent (vers

---

(1) Note du poëme de *la Glacière*, de Bertin du Rocheret, t. I.

(2) Page 31.

(3) La deuxième édition, qui est de 1722, porte depuis sept à huit ans.

1714-1715), et l'on revint quelque peu du premier
entraînement ; ce qui ne veut pas dire qu'on eût
cessé, d'aimer le vin mousseux, mais seulement
qu'il trouvait des adversaires assez nombreux,
plus nombreux qu'ils ne sont restés de nos jours.

Le hasard seul a-t-il fait reconnaître la propriété particulière au raisin de Champagne de
produire le gaz qui, en se développant, augmente
le volume du vin, et le fait sortir avec impétuosité
du flacon qui le renferme ; ou quelque chercheur
ingénieux a-t-il le premier découvert les procédés
qui devaient conduire à cet heureux résultat ?
L'auteur du Mémoire que nous avons pris jusqu'à présent pour guide ne nous le dit pas, sans
doute parce qu'il l'ignorait lui-même.

Voici, pourtant quelques phrases de ce précieux
document qui semblent indiquer que l'intérêt
mercantile essayait déjà d'obtenir cette mousse si
recherchée, par des procédés artificiels qu'on a
souvent tenté de renouveler. Mais dès lors aussi,
les véritables connaisseurs pensaient que la nature n'avait pas besoin des auxiliaires étrangers
qu'on avait appelés à son secours.

« Les sentiments (1) ont été fort partagés sur
les principes de cette espèce de vin (le vin mousseux). Les uns ont cru que c'étoit la force des
drogues qu'on y mettoit qui le faisoit mousser si
fortement ; d'autres ont attribué la mousse à la

_____

(1) Page 31.

verdeur des vins, parce que la plupárt de ceux
qui moussent' sont extrêmement verts; d'autres
ont attribué cet effet à l'influence lunaire, au moment où l'on met les vins en flacons.

« Il est vrai qu'il y a eu des marchands de vins
qui, voyant la passion qu'on avoit pour ces vins
mousseux, y ont mis souvent de l'alun, de l'esprit
de vin, de la fiente de pigeon, et bien d'autres drogues pour le faire mousser extraordinairement; mais
on a une expérience certaine que le vin mousse
lorsqu'il est mis en flacons depuis la récolte jusqu'au mois de mai. Il y en a qui prétendent que
plus on est près de la récolte qui a produit le vin,
quand on le met en flacons, plus il mousse. Plusieurs ne conviennent pas de ce principe; au
moins est-il certain qu'il n'est aucun temps de
l'année où le vin mousse plus qu'à la fin du
deuxième quartier de la lune de mars, ce qui se
trouve toujours dans la semaine sainte ; il ne faut
point d'artifice, on sera toujours sûr d'avoir un vin
parfaitement mousseux lorsqu'on le mettra en flacons depuis le 10 jusqu'au 14 de la lune de mars:
on en a une expérience si notoire qu'on n'en sau-
roit douter. Mais comme les vins, surtout ceux
de montagne (1), ne sont pas ordinairement assez

(1) Les vins de *rivière*, sont d'Hautvillers, Ay, Epernay, Cumières. Pierry* est de la *petite rivière* comme

* Une note marginale, mise à la main, réclame vive-
ment en faveur de Pierry contre cette qualification.

faits dans la semaine sainte et qu'ils ont encore trop de vert et trop de dureté si l'année a été froide et humide, ou trop de liqueur si l'année a été chaude ; le parti le plus sûr et le plus avantageux pour avoir du vin exquis et qui mousse parfaitement est de ne le mettre en flacons qu'à la sève d'août. C'est encore une expérience assurée qu'il mousse excessivement lorsqu'il est mis en flacons depuis le 10 jusqu'au 14 de la lune d'août et comme il a perdu alors ou de son vert ou de sa liqueur, on est assuré d'avoir dans les flacons le vin le plus mûr et le plus mousseux.

« Quand on veut du vin qui ne mousse pas, il faut mettre en flacons en octobre ou en novembre, l'an d'après la récolte ; si on l'y met en juin ou juillet il moussera encore légèrement, mais si peu que rien (1). »

A l'égard des dispositions à faire pour le tirage du vin, l'auteur du Mémoire entre dans quelques détails ; et d'abord, pour ce qui regarde la colle :

« On se sert (2) de colle de poisson, le poids d'un écu d'or par pièce (3 gr. 40) ; quelques-uns y

---

Fleury, Damery, Venteuil et autres. Mais Verzenay, Sillery, Saint-Thierry, Mailly et quelques autres sont de la montagne. (Page 10 du Mémoire.) Il n'y est pas question d'Avize et du vignoble voisin.

(1) Page 32.

(2) Page 22.

mêlent chopine ou pinte (0 lit., 46, ou 0 lit., 93)
d'esprit de vin ou d'excellente eau-de-vie. »

Vient ensuite l'indication de la manière de
faire fondre la colle, de la mélanger avec le vin.
Ces procédés sont encore employés aujourd'hui.

Pour le soutirage du vin il en était autrement,
et le Mémoire de 1718 décrit une manière d'o-
pérer qui ne se pratique plus en Champagne,
mais qui de cette province serait passée dans
celle de Bourgogne et s'y maintiendrait encore.

« Rien n'est plus curieux, dit-il, que le secret
qu'on a imaginé en Champagne pour soutirer les
vins sans déplacer les tonneaux (1). » (Suit la description des instruments dont on se servait et
pour l'intelligence de cette description une figure
gravée). Ces instruments consistent :

1° En un tuyau de cuir de quatre à cinq pieds
(1 m. 30; 1 m. 60) de long, et six à sept pouces
(18 à 20 c.) de tour, bien cousus à double cou-
ture; à chacune des extrémités sont adaptées soli-
dement des cannelles en bois, longues de dix à
douze pouces (28 à 32 c.) et de la même grosseur
que le tuyau de cuir ; ces deux cannelles sont en-
foncées à coup de maillet l'une dans le trou du
tampon de la pièce qu'on veut remplir, l'autre
dans une grosse fontaine de métal qui est mise en
bas du tonneau que l'on veut soutirer; ces cannelles, qui sont comme une continuation du tuyau,

(1) Page 23.

sont garnies de mentonnières sur lesquelles frappe le maillet.

On conçoit que quand elles sont ainsi placées et qu'on ouvre la fontaine de métal, le liquide cherchant à prendre son niveau se verse de la pièce pleine dans celle qui est vide, jusqu'à ce que toutes deux soient à demi pleines.

2° Un gros soufflet est destiné à forcer l'autre moitié du liquide à passer,dans le tonneau qu'on veut remplir : ce soufflet a trois pieds (1 m.) de long et un et demi (o m. 50 c.) de large. Il se termine par un tuyau en cuir contenant une soupape : à ce tuyau est attachée aussi une sorte de cannelle qui entre de force dans la bonde et la ferme hermétiquement : on l'y assujettit par une chaîne en fer qui fait le tour de la pièce et empêche qu'elle ne puisse sortir de cette bonde.

Quand on fait usage de ce soufflet, l'air qui s'introduit dans le tonneau encore à demi plein, presse également toute la superficie du vin et le force à passer dans l'autre pièce par la voie qu'à déjà suivie la première portion ; la soupape qui est à l'extrémité du soufflet se ferme quand on veut reprendre de nouveau de l'air et s'oppose à la sortie de celui qui a été poussé dans le tonneau. En pressant de nouveau, elle s'ouvre pour donner encore passage à celui qu'on y veut introduire, et cela marche ainsi jusqu'à ce qu'il ne reste plus à soutirer que dix à douze pintes (10 à 12 l.) ce qui se reconnaît lorsqu'on entend un sifflement à la fontaine ; alors on la ferme, on retire le tuyau de cuir, on enfonce un tampon à la pièce qu'on a remplie, et puis on laisse couler doucement dans un vase ce qui reste de vin clair dans l'autre pièce ; et l'on arrête dès qu'on aperçoit le moindre trouble dans le verre par lequel on fait passer ce liquide. Le vin ainsi recueilli en dernier lieu se verse dans le tonneau déjà presque plein, au moyen d'un entonnoir dont la queue a plus d'un pied (0 m. 33 c.), afin de n'y pas causer d'agitation ; le fond de cet entonnoir est garni d'une plaque en fer blanc, percée de trous, ce qui empêche qu'il n'entre dans la pièce aucune parcelle du dépôt.

Tels étaient les appareils qui servaient alors au soutirage. D'après le Mémoire, cette opération se faisait une première fois à la mi-décembre, une deuxième fois à la mi-février : on tirait en mars ou avril.

Lors du premier soutirage, il est recommandé de soufrer le vin (1). On se servait pour cette opération d'un morceau de toile imbibé de soufre de la grandeur du petit doigt pour une pièce de vin fin, et une fois plus grand pour une pièce de vin commun. « On l'allume et on le met sous le bondon de la pièce *que l'on vide* avant d'avoir

(1) Page 28 du Mémoire.

recours au soufflet ; à mesure que le vin descend il attire après lui cette petite odeur de soufre qui n'est pas assez forte pour se faire sentir, mais qui ne laisse pas de donner de la vivacité à la couleur.

« Les vins ainsi clarifiés, conservent deux ou trois ans en futailles leur bonté, dans les caves et dans les celliers ; surtout les vins de montagne qui ont plus de corps : ceux de rivière perdent quelque chose de leur qualité en tonneaux ; il faut les boire dans la première ou deuxième année, si l'on ne les met en flacons ; mais dans ce dernier cas, on les conserve très-bien quatre, cinq et même six ans. »

Il semble qu'on ait dû en tout temps reconnaître la nécessité de soutirer le vin pour le débarrasser d'une lie qu'il a dû toujours former. On lit donc avec étonnement cet extrait d'une lettre de M. Bertin père, adressée le 21 février 1716 à M. Darboulin, marchand de vins, dont les caves étaient à Sèvres. M. Darboulin se plaignait qu'on lui adressât du vin d'Hautvillers tout collé ; il redoutait les conséquences de cette préparation ; M. Bertin lui répond :

« Autrefois, monsieur votre père a fait coller quelques vins en les mettant dans le bateau, et ce dans un temps où nous ne connoissions pas le soutirage ; quoique pourtant nos grands-pères l'eussent mis en pratique (ainsi le crois-je), car il s'est

trouvé chez mon grand-père Bertin, fameux commissionnaire à Reims, un soufflet à soutirer et un
boyau. »

Il paraît aussi qu'alors, à moins de stipulation
contraire, le vendeur ne fournissait pas de vin
pour remplir la pièce après le soutirage ; car
M. Bertin ajoute: « je doute que dom Rapport(1)
souscrive au remplissage. »

Après le collage et le soutirage vient la mise en
flacons :

« Quand on veut tirer (2) le vin en flacons, on
met au tonneau une petite fontaine de métal, re-
courbée par le bas afin que le vin puisse couler
dans le flacon au-dessous duquel il y a une cu-
vette ou un baquet, pour ramasser le vin qui pourroit s'écarter ; on bouche à l'instant fort soigneu-
sement chaque flacon avec un bon bouchon de
liége bien choisi, qui ne soit pas vermoulu, mais
qui soit bien solide et bien uni. Ces sortes de
bouchons coûtent cinquante à soixante sols le cent.

« On lie avec une ficelle forte le bouchon avec
le goulot et si c'est du vin fin, on met un cachet avec de la cire d'Espagne, afin qu'on ne
puisse pas changer le vin ni le flacon. « On
place les flacons sur deux ou trois doigts de sable
à demi renversés les uns contre les autres. Quand

_____

(1) Le successeur de dom Perignon.

(2) Page 19 du Mémoire.

on met le vin debout, il se forme une fleur blanche entre le petit vide qu'il y a du bout du bouchon au vin ; car il ne faut jamais remplir tout à fait le flacon, il faut qu'il reste toujours un petit demi-doigt de vide ; sans cela, quand le vin viendroit à travailler dans les différentes saisons de l'année, il casseroit une grande quantité de flacons : encore s'en casse-t-il beaucoup malgré toutes les précautions qu'on peut prendre, surtout quand le vin a bien de la chaleur ou qu'il est un peu vert. »

La préparation des bouteilles pour le tirage est la même qu'aujourd'hui.

« Lorsqu'on emploie des flacons qui ont déjà servi, il faut les laver et y jeter une demi-poignée de gros plomb de chasse avec un peu d'eau, afin de détacher les ordures qui auraient pu rester au fond du flacon, à force de le remuer ; il est encore mieux, au lieu de plomb, de se servir de très-petits clous, dits *broquettes*, parce qu'ils emportent absolument tout ce qui auroit pu s'attacher au verre. »

Je n'ai trouvé dans aucun ouvrage à quelle époque le liège a été employé pour boucher les bouteilles : le seul renseignement que j'aie découvert se lit dans une lettre que dom Groffart, derniér procureur de l'abbaye d'Hautvillers, adressait le vingt-cinq octobre 1821, à M. Dherbès, d'Ay (1) :

(1) Je dois la communication de cette lettre à M. Nitot, ancien maire d'Ay.

« C'est dom Perignon qui a trouvé le secret de faire le vin blanc mousseux et non mousseux ; car avant lui on ne savait faire que du vin paillé ou gris: et c'est encore à dom Perignon qu'on doit le bouchage actuel. Pour fermer le vin en bouteilles, on ne se servait que de chanvre et on imbibait dans l'huile cette espèce de bouchon. »

M. Bertin du Rocheret, père du lieutenant criminel et propriétaire de vignes, faisait avec son fils le commerce ou courtage des vins. On trouve dans les lettres qu'il a écrites, dans celles qu'il a reçues et qui ont trait à ce négoce, des renseignements qui complètent ceux que nous avons tirés du Mémoire de 1718, sur ce qu'on faisait alors en Champagne, et sur l'opinion qu'on y avait dès 1711 des vins mousseux. Depuis 1724, la correspondance du fils, régulièrement tenue jusqu'en 1762, offre encore le même genre d'intérêt.

Les poinçons, dont les deux font la queue de Champagne, doivent avoir deux pieds et demi de long, vingt-deux pouces au bouge, vingt pouces tournant au fond et un pouce et demi de jable ou environ ; les caques, dont les trois font le muid de Paris, doivent être faits à proportion, à la diminution d'un cinquième de toutes les dimensions du poinçon (1).

(1) Ordonnances du bureau de l'Election d'Epernay, 11 août 1703, 23 juillet 1718, 2 août 1732 ; — page 18

La bouteille ordinaire qu'on appelait flacon, contient, d'après les Mémoires de 1718, la pinte de Paris (o l., 93) moins un demi-verre.

Cependant, en 1736, M. Bertin du Rocheret demandait qu'elles continssent la pinte, conformément à l'ordonnance, et laissait pour compte celles qu'on lui avait envoyées, parce qu'elles étaient plus petites (1). Il y en avait cent au câque ou demi-pièce. On en fabriquait aussi de plus grandes, mais on ne retirait alors du caque que quatre-vingts bouteilles ou flacons, du poids de sept quarterons ou deux livres (2).

Comme le tirage, surtout dans les premières années, se faisait quelquefois en vue et pour le compte des consommateurs connus d'avance, il y avait des gens de qualité qui commandaient des flacons à leurs armes, ce qui n'en augmentait le prix que de 30 (1^l,50) par cent (3).

Voici, d'après une lettre du 15 février 1712, (4) ce qu'il en coûtait alors (sans frais extraordi-

---

du Mémoire de 1722. La jauge de rivière contient environ deux cents pintes, mesure de Paris ; celle de montagne, près de deux cent quarante, et pour le moins deux cent trente.

(1) Lettres des 23 janvier et 5 mars 1736.

(2) Voir la lettre de Bertin père, du 4 janvier 1713, n° 107.

(3) *Manière de faire le vin*, p. 29.

(4) Lettres de Bertin père.

naires), pour mettre en bouteilles un poinçon de vin et l'envoyer au consommateur :

200 bouteilles (1)........................ 30 l.
200 bouchons............................. 3 l.
2 paniers et emballage................... 8 l.
Tirer en bouteille, ficelle et cachet.......... 3 l.
                            Total......... 44 l.

Quand au fil de fer on ne s'en servait pas alors, et je n'ai pu découvrir à quelle époque on a commencé à en faire usage ; il n'en était pas encore question en 1744 (2) ni même avant 1760 : au moins la correspondance Bertin du Rocheret ne fait-elle pas mention de ce procédé.

A l'égard du prix des bouteilles et des bouchons dans les années postérieures à 1712, on trouve dans la correspondance quelques renseignements bons à recueillir.

Pour les bouteilles, M. Bertin du Rocheret les demandait à Châlons ; elles lui étaient envoyées en paniers de deux cents bouteilles. En 1734, il ne les payait encore que quinze livres le cent (3), et on lui fournissait les quatre au cent.

Le 16 décembre 1738, quatre mille flacons sont demandés à quinze livres rendus à Ay, trois mille pour mars et mille pour mai.

---

(1) Le Mémoire dit que les bouteilles se vendaient douze à quinze francs le cent.

(2) Lettres du 28 mars et 1er avril 1744.

(3) Lettres du 17 décembre 1734.

En 1754, on voit (1) qu'un ami lui vendait six cents flacons à dix-sept livres. Boitel voulait les vendre dix-neuf livres ; les premiers étaient préférés.

En ce qui concerne les bouchons, Boitel les fournissait en même temps que les flacons, mais en 1729 (2), c'est à Paris que s'en procure M. Bertin du Rocheret.

Quant à l'opinion des producteurs sur le vin mousseux, on la trouve exprimée dans les notes et lettres de M. Bertin du Rocheret père, dans celles de son fils et de leurs correspondants et dans les œuvres légères de ce dernier. On peut remonter sur ce point jusqu'en 1711.

Ainsi, le maréchal de Montesquiou-d'Artagnan, avec lequel M. Bertin père était en relation d'affaires et qui avait rendu des services à sa famille, demande du vin mousseux (3), et celui-ci répond le 11 novembre 1711 :

« Je me suis déterminé à trois poinçons de vin le meilleur de Pierry, du prix de quatre cents francs la queue, cy six cents francs ; pour ne pas tirer en mousseux : ce seroit trop dommage. Plus, un poinçon pour tirer en mousseux, du prix de deux cent cinquante francs la queue.

(1) Lettre du 28 février à M. Boitel.
(2) Lettre du 22 avril 1725.
(3) Lettres de Bertin, nᵒˢ 182-184.

« Si vous voulez ne mettre que cent-quatre-vingts francs la queue, il moussera aussi bien ou mieux. Plus, un poinçon tocane d'Ay (1) pour boire cet hiver, à commencer dès à présent; c'est-à-dire qu'il doit être bu dans les jours gras ; à trois cents francs la queue ; ce vin est très-fin. »

Le 27 décembre 1712, le Maréchal écrit :

« A l'égard de faire mousser mon vin, bien des gens aiment qu'il mousse ; je n'en serois pas fâché pourvu qu'il ne diminue rien de sa qualité ; et par préférence je veux d'excellent vin, qu'il soit bien clarifié. »

Le 18 octobre 1713, M. Bertin père, écrit (2) :

« .... Ils ont été mis en bouteilles en même temps que celui que vous avez, afin que votre vin fût mousseux, sans quoi je ne l'aurois pas fait mettre et vous auriez pu le trouver meilleur; mais il n'auroit pas eu le mérite du moussage qui, selon moi, est un mérite à petit vin et le propre de la biere, du chocolat et de la crême fouëttée.

« Le bon vin de Champagne doit être clair, fin, pétiller dans le verre et flatter ce qu'on appelle

---

(1) La *tocane* était un vin léger, obtenu des raisins d'abord foulés dans les barils, avant de bouillir ou d'être jetés sur le pressoir. On ne pouvait la garder que six mois. « Elle étoit, dit encore en 1711 le *Dictionnaire de Trevoux*, très-violente et portoit un goût de verdeur qui la faisoit estimer.» Aujourd'hui on ne fait plus de tocane.

(2) Lettre de Bertin, n° 203.

le bon goût, qu'il n'a jamais quand il mousse, mais bien un goût de travail et de vendange ; aussi ne mousse-t-il qu'à cause qu'il travaille. »

Et M. le Maréchal d'Artagnan, de répondre, le 25 du même mois (1), du camp devant Fribourg :

« Je vois combien j'ai eu tort de demander que vous fassiez tirer mes quarteaux de vin pour qu'il pût mousser ; c'est une mode qui règne partout surtout à la jeunesse : mais je suis ravi de ce que vous me mandez sur le moussage, je vous promets doresnavant de ne point vous en parler davantage ; en mon particulier je m'en soucie fort peu, mais je veux qu'il soit clair, fin et qu'il ait beaucoup de parfum de Champagne. »

Le 16 décembre même année, M. le Maréchal de Montesquiou demande trois quarteaux de vin, et le 20, M. Bertin lui répond (2) :

« Il vous plaira me faire savoir en quel temps vous croyez devoir boire ce vin, et si c'est pour le boire en mousseux je n'en serois pas d'avis ; le moussage ôtant aux bons vins ce qu'ils ont de meilleur, de même qu'il donne quelque mérite aux petits vins. »

Telle était l'opinion d'un connaisseur sur le changement qui s'opérait dans les goûts ou plutôt dans les habitudes ; mais il faut bien le dire, cette

(1) Lettre de Bertin, n° 204.
(2) Lettre de Bertin, n° 206.

opinion ne prévalait pas : on voulait du vin mousseux et la prédilection dont ce vin était l'objet allait dans ce temps jusqu'à la fureur, ainsi que le Mémoire contemporain nous l'apprend (1).

Peut-être, dira-t-on, M. Bertin père en condamnant cete innovation, restait dans l'ornière de la routine. Il n'était pourtant pas le vieillard *censor castigatorque minorum*, car il était né en 1662 à Epernay et n'avait que quarante-neuf ans en 1711.

Mais son fils, enfant de la même ville, qui y avait vu le jour en 1693, c'est-à-dire en même temps que le vin mousseux, en portait le même jugement quoiqu'il eût passé à Paris plusieurs années de sa jeunesse (de 1708 à 1716), et les trois dernières dans l'exercice de la profession d'avocat : on ne peut donc le supposer imbu du préjugé paternel ; et d'ailleurs, ses correspondants portaient du vin mousseux un jugement semblable : dans le cas contraire, il ne manquait pas de les en gourmander.

Voici ce que lui écrivait l'abbé Bignon (2) le 22 janvier 1734, vingt ans plus tard que la correspondance déjà citée :

---

(1) Mémoire, page 31, cité plus haut.

(2) Petit-fils de l'Avocat-général ; bibliothécaire du Roi, l'un des quarante de l'Académie française et membre honoraire de celle des Inscriptions et Belles-Lettres. Il mourut à l'Isle-Belle, près Meulan, en 1743, à quatre-vingt-un ans.

« Moins le vin sera mousseux et étincelant aux yeux de nos coquettes de table, et plus au contraire il aura dans ses commencements (1) de ce qu'il vous plaît appeler liqueur, et qu'en termes chimistes *(sic)* j'appellerai plutôt parties balsamiques, plus j'en ferai de cas. »

Et lorsque le commandeur Descartes, en demandant, le 10 décembre 1735, à M. Bertin du Rocheret, le fils, une ou deux douzaines de bouteilles de vin blanc mousseux qui ne fût ni vert ni liquoreux, chose rare, ne craignait pas (2) de célébrer la mousse dans quelques vers joints à sa demande ; « Je voudrais, » disait-il,

> De ce vin blanc délicieux,
> Qui mousse et brille dans le verre,
> Dont les mortels ne boivent guères
> Et qu'on ne sert jamais qu'à la table des Dieux
> Ou des grands, pour en parler mieux,
> Qui sont les seuls dieux de la terre.

M. Bertin du Rocheret, toujours adversaire du vin mousseux, lui répond et fait entrer dans ses vers, cette expression parties balsamiques dont son ami, l'abbé Bignon, s'était servi pour définir le bouquet du bon vin blanc de Champagne (3).

Nous donnerons ces vers un peu plus loin.

---

(1) Il s'agissait du vin de la dernière récolte.

(2) Lettre de Bertin, n° 359 ; elle est datée de Verdun.

(3) Manuscrit de la Bibliothèque de Châlons, page 161.

Mais il avait beau dire en vers comme en prose, la mousse faisait son chemin ; elle était admise dans les fêtes pour y répandre la gaieté ; le vin mousseux devenait l'inspiration des poëtes. Qui ne connaît les jolis vers de Voltaire (1) ?

Quoique M. Bertin du Rocheret fils, ainsi qu'il le constate (2), eût été honoré d'une lettre de Voltaire, et qu'il eût même reçu le célèbre écrivain à Epernay, avec M. le duc de Richelieu, il persista à ne pas être de l'avis de son illustre confrère en poésie.

Ainsi, la récolte de 1739 avait donné des vins « équivoques en goût et couleur, secs, point de fruit (3), » et le 28 février 1742, il écrivait à Mme Durand, sa belle-sœur : « Deux paniers de 1739. La mousse lui tiendra lieu de mérite. »

Il s'animait contre le goût qu'il combattait vainement ; en 1741, sa plume traçait une boutade

---

(1) 1736. Le Mondain.

> Chloris, Eglé me versent de leur main
> D'un vin d'Ay dont la mousse pressée,
> De la bouteille avec force élancée,
> Comme un éclair fait voler son bouchon.
> Il part, on rit ; il frappe le plafond :
> De ce vin frais l'écume pétillante
> De nos Français est l'image brillante.

(2) Manuscrits de Bertin du Rocheret, à la Bibliothèque de Châlons, p. 39-43 : « M. Voltaire vint me voir à Epernay le 11 mai 1735, avec M. de Richelieu. »

(3) Lettre à M. Jame Chabane, 20 octobre 1739.

qu'il appelait bachique et qu'il dirigeait contre les amateurs du vin mousseux.

Non, telles gens ne boivent pas
De cette sève délectable,
L'âme et l'amour de nos repas,
Aussi bienfaisante qu'aimable.
Leur palais corrompu, gâté,
Ne veut que du vin frelaté,
De ce poison vert, apprêté
Pour des cervelles frénétiques.
Si, tenons-nous pour hérétiques
Ceux qui rejettent la bonté
De ces *corpuscules balsamiques*
Que jadis Horace a chantés.

Non, telles gens ne boivent pas
De cette sève délectable,
L'âme et l'honneur de nos repas,
Aussi bienfaisante qu'aimable ;
De ce vin blanc délicieux,
Qui désarme la plus sévère ;
Qui pétille dans vos beaux yeux,
Mieux qu'il ne brille dans mon verre.
Buvons, buvons, à qui mieux, mieux,
Je vous livre une douce guerre ;
Buvons, buvons de ce vin vieux,
De ce nectar délicieux,
Qui pétille dans vos beaux yeux
Mieux qu'il ne brille dans mon verre.

Cette chanson était mise en musique *pour de belles dames*, par M. Dormel, organiste de Sainte-Geneviève (1).

_____

(1) Dans le manuscrit de la bibliothèque de Châlons, p. 324, la musique se trouve avec les paroles.

Envoyée le 27 février à l'abbé Bignon, celui-ci faisait chorus, dans une assez méchante parodie sur l'air :

Que je chéris, mon cher voisin, l'honneur de te connoître. (1)

> Se peut-il que vous n'aimiez pas
>   La sève délectable,
> L'âme et l'amour de nos repas,
>   Aussi saine qu'aimable ?
> Votre palais usé, perclus,
> Par liqueur inflammable,
> Préfère de mousseux verjus
>   Au nectar véritable.
> Horace a si souvent chanté
> Son parfum balsamique ;
> Si vous rejetez sa bonté,
> Je vous tiens pour hérétique.
> Sentez le prix de ce vin vieux,
> Qu'un vrai gourmet révère,
> Il pétille dans vos beaux yeux
> Bien mieux que dans mon verre.

On peut résumer l'opinion que bien des gens se faisaient de la grande mousse des vins, par cette simple question faite à un correspondant, le chevalier de Breda (2) : « Est-ce du bon, ou du saute-bouchon ? »

Trois ans après cette boutade et dans un journal fort intéressant des Etats de Vitry, en 1744, Bertin s'exprimait ainsi sur le vin

---

(1) Manuscrit de la bibliothèque de Châlons, p. 327, M. Bignon était alors âgé de soixante-dix-neuf ans.
(2) Lettre du 16 septembre 1747.

mousseux qui a fait la fortune de la petite ville d'Avize (1) :

« Avize est un bourg assez considérable, extrê-mement augmenté depuis douze ou quinze ans environ par la frénétique invention du vin mous-seux. Il étoit encore pauvre en 1715, quand le comte de Lhéry, qui en étoit seigneur, fit abattre le reste des tours, remparts et combler les fossés...

« Leurs vignes presque toutes plantées de ceps blancs, ne leur produisoit qu'un vin maigre et d'un goût rêche qui le faisoit réputer un des moindres du pays ; aussi ne se vendoit-il ordinairement que vingt-cinq ou trente francs la queue ; mais depuis la manie du saute-bouchon, cette abominable boisson, devenue encore plus rebutante par un acide insupportable, se vend jusques à trois cents francs ; et l'arpent de vigne dont on ne vouloit pas à deux cents cinquante francs a été porté jusques à deux mille francs : aussi Avize est-il orné depuis quel-que temps d'une quantité de belles maisons de

---

(1) Journal des Etats de Vitry, 1744, p. 120, volume XXXVI, à la bibliothèque d'Epernay. Ils avaient été réunis pour l'interprétation de la coutume de ce nom, sur cette question : était-elle censuelle ou allodiale ? La règle devait-elle être : nulle terre sans seigneur, ou bien : nul seigneur sans titre ? Un littérateur distingué de Châlons-sur-Marne, M. Nicaise, vient d'en donner une première et fort bonne édition.

vendange qui en ont absolument changé la face (1).»
On se tromperait si on supposait d'après la première phrase citée, que c'était seulement douze
ou quinze ans, avant la date de cette lettre (1744)
qu'on avait inventé le vin mousseux, ce qui nous
reporterait seulement à 1729 ou 1732. Il y avait
du vin mousseux auparavant ; l'indication de douze
ou quinze ans se rapporte seulement à la prospérité
du vin mousseux d'Avize.

D'ailleurs, il faut remarquer que cette expression
saute-bouchon, et celle de pétillant s'appliquent
à un vin qui avait une plus grande force expansive
que le vin mousseux. La distinction résulte de la
nombreuse correspondance de l'auteur du Journal
des Etats. Il écrit :

13 octobre 1734, à Mᵐᵉ Pallu. « J'ai du vin
mousseux *sautant.* »

Le 16 novembre, il envoie à M. le marquis de
Polignac cinquante flacons mousseux, cinquante
pétillants, quatre vieux.

Le 28 mars 1735, il annonce à M. Bertin de
Lyon, le saute-bouchon à quarante et quarante-
cinq sols.

Il y a même dans une lettre du 5 septembre 1736
à M. Véron de Bussy, premier commis des

(1) Avize s'est maintenu dans cette réputation; à
l'Exposition de 1856, M. Dinet, maire d'Avize, a obtenu
la médaille d'or pour la *fabrication* des vins de Champagne.

finances, vers 1735, une troisième distinction :
« demi-mousseux trente-six à quarante sols ; bon
mousseux quarante-cinq à cinquante; saute-bouchon, trois francs. »

Enfin, au même M. Véron, le 14 janvier 1737,
il fait distinguer le fou saute-bouchon de l'Ay
mousseux.

Le 6 décembre de la même année en annonçant à M. Castagnet son vin à quarante-deux
sols, il ajoute celui de son beau-frère de Reims (1),
rendu viable trois francs, six sols.

Dans la correspondance antérieure du père ou
du fils, il n'est question que de vin mousseux ou
non mousseux : le saute-bouchon fut un progrès
ou une exagération.

Encore quelques lignes sur Avize :

Quoi que notre chroniqueur ait dit de ce
vignoble, il ne faut pas se dissimuler que même à
l'époque où il le traitait si sévèrement, il ne laissait
pas d'en acheter, et c'est la correspondance même
qui nous l'apprend. Le 7 novembre 1748, il
achetait de M. Michel Cœuret, d'Avize, 4
pièces; et 5 pièces, un caque d'Hilaire Panetier,
soutiré, chevalé, rendu à Ay moyennant six cent
quatre-vingt-quatre francs, c'était cent quarante-
quatre francs la queue. On la vendait alors à Ay
trois cent vingt à trois cent quatre-vingts francs.

---

(1) M. de Reims était médecin à Epernay.

L'année suivante, 1749, au mêmé, quatre pièces de Gibrien Pertois à deux cent dix francs (la queue) sans commission ni soutirage.

Il continuait dans les années suivantes. Le 28 novembre 1750, il mandait au même sieur Cœuret de voiturer à Ay cinq pièces de leger pour Calais et trois pièces pour lui. Cette destination indiquée pour Calais ne paraît pas avoir été réelle, ce n'était qu'une supposition ; le vin d'Avize restait à Ay et l'acheteur envoyait en Angleterre celui de ce dernier vignoble. Le prix de la facture sert à l'établir.

En 1753, le 29 novembre, il use du même procédé et se fait adresser *en refuge* (1) chez lui à Ay six pièces qui paraissent destinées pour Labertauche, commissionnaire à Calais ; mais c'est bien son propre vin d'Ay qu'il envoie en le substituant à celui d'Avize. Dès le 12 octobre, il écrivait à son ami Jam Chabane : « Les vins embaument aussi bien qu'en 1743, » et en donnant avis du départ (2), il lui dit qu'il partage avec le roi Stanislas ; il recommande de tirer dans le croissant ; et le même jour à ses correspondants de Nancy, il dit qu'ils partagent avec le roi Georges.

_____

(1) Expression remplacée par celle de *passe-debout* : dépôt temporaire d'une boisson chez un non-entrepositaire. Le délai du passe-debout est de trois jours, sauf prolongation, suivant les circonstances.

(2) 19 février 1754.

Enfin, après son deuxième mariage avec Mlle de Cramant, il demande en 1757, qu'on lui fasse faire à Cramant une cuvée de six à dix pièces, bon, blanc, première taille comprise ; *idem*, quatre ou cinq pièces et ne veut pas qu'on dépasse cent cinquante francs. Il achète six pièces à Jean Morizet, à cent trente francs (1).

Nous dirons aussi que dans un écrit de 1754, intitulé : *Prix général du jeu de l'arquebuse indiqué à Châlons* pour 1754, on trouve une revue des localités qui y ont concouru, et cette revue est l'occasion d'un jugement plus favorable sur le vin d'Avize, ou tout au moins sur celui qui à cette époque prenait son nom :

AVIZE

Vignoble qui produit d'excellents vins : le voisinage de Cramant contribue beaucoup à la réputation que ce vignoble s'est acquise depuis quelques années (2).

---

(1) Lettre à M. de Cramant, du 3 octobre 1757, à Mme du Rocheret, du 6 de ce mois.

(2) On trouve dans ce cahier des dictons attribués aux compagnies qui avaient assisté à cette fête. Voici celui d'Epernay :

Les Bons Enfants.

Le thyrse de Bacchus, le tonnerre de Mars,
  Dans leurs mains tour à tour éclate,
  Et dans leurs manières tout flatte :
  L'esprit, le cœur et les regards.

3

Il n'est pas hors de propos de chercher si dès lors on employait quelques préparations pour améliorer les vins. Nous avons déjà parlé de leur collage, des ingrédients que certains mar-

---

Celui d'Avize :

Les Gouailleurs.

Les jeux, les ris, les bons mots,
Sont, nous dit-on, au fond des pots,
De ce, rendent bons témoignages,
Ceux qui des traits badins que redoutent les sots,
De Bacchus apprirent l'usage.

Et puisque nous avons cité plus haut le livret de l'Arquebuse de Châlons, pour l'année 1754, on nous permettra d'emprunter à celui de Meaux de 1778 des mentions qui confirmeront ou compléteront les précédentes. Cinq vignobles de Champagne avaient pris part au concours de cette année :

« AVENAY. Dicton : *Les bons Raisins.*

Les bons raisins font le bon vin,
Amis, il faut en boire,
Il nous montrera le chemin
Qui conduit à la gloire.

Ce vignoble produit des vins tendres et délicats.

AVIZE. Dicton : *Les Goouleurs (sic).*
Avize produit d'excellents vins.

EPERNAY. Dicton : *Les bons Enfants.*
Fertile en excellent vin.

LE MESNIL. Dicton : *Les Buveurs.*

Les vins en sont très-bons; ils ont l'avantage de supporter le passage de la mer, sans altération de qualité.

VERTUS. Dicton : *Le bon Vin de Vertus.*
Renommé par la qualité de ses vins rouges. Guil-

chands y introduisaient pour obtenir la mousse ; nous n'y reviendrons pas.

D'un autre côté, M. Bertin du Rocheret fils avait consigné dans son recueil, volume de 1741, un secret pour la mousse du vin ; on le voit par la mention qui en est faite à la table qui précède le volume ; mais une main coupable ou seulement mal avisée nous prive de la connaissance de ce prétendu secret. Il eût été intéressant de connaître quels étaient les procédés du père et du fils sur ce point délicat et lorsque depuis quarante ans ils s'occupaient de la production des vins. Voyons à l'aide des documents qui restent et sans distinction du vin mousseux ou non mousseux ce qui se pratiquait.

Le Mémoire que nous avons déjà mis à contribution et dont la seconde édition porte la date de 1722 (1), donne l'indication qui suit et la présente comme étant celle de ce que faisait le Père Perignon pour améliorer le vin de son abbaye :

« Dans environ une chopine de vin (0¹,465), il faut faire dissoudre une livre de sucre candi : y jeter cinq à six pêches séparées de leur noyau, pour environ

---

laume III, roi d'Angleterre, en faisoit toujours sa boisson. » *(Recueil de pièces concernant le prix provincial de l'Arquebuse royale de France, rendu par la compagnie de la ville de Meaux, le 6 septembre 1778. Meaux 1778; in-8°).*

(1) Page 41.

quatre sols de canelle pulvérisée, une noix mus-
cade aussi en poudre; après que le tout est bien
mêlé et dissous, on ajoute un demi-septier (o¹,23)
de bonne eau-de-vie brûlée, on passe la collature
à travers un linge fin et bien net, on jette la
liqueur, non le marc, dans la pièce de vin, ce qui
le rend délicat et friand.

« Il faut autant de ce qui vient d'être dit, pour
chaque pièce et l'entonner le plus chaudement
qu'il est possible, d'abord que le vin du tonneau
a cessé de bouillir. »

Ce que l'on a appris il y a une cinquantaine
d'années touchant l'art de faire le vin, surtout le
traité de Chaptal qui porte ce titre, peut faire
croire qu'en effet le Père Cellerier d'Hautvillers
savait améliorer le produit des bonnes vignes de
son abbaye, et avait mérité que quelques mois
après sa mort M. le maréchal d'Artagnan, qui se
connaissait en bon vin, écrivit (1) : « M. de
Puisieux m'a dit... que le Père Perignon étoit
mort, qui a bien fait parler de lui pendant sa vie (2);

_____

(1) 9 novembre 1715. Lettres de Bertin, n° 226.

(2) On en avait tant parlé, son nom avait été prononcé
tant de fois pour désigner le vin de son abbaye, qu'on
avait oublié qu'il s'agissait d'un homme, et que ce nom
passait pour celui d'un terroir; ainsi Brossette, commentateur de Despréaux, écrivait en 1716, moins d'une
année après la mort de dom Perignon : « Les plus fameux côteaux qui produisent les vins de Champagne,

sur les premiers vins de cette abbaye ; pensez
à moi, car franchement ce sont les meilleurs. »

Cependant, je dois rapporter les termes dont
l'auteur du Mémoire se sert pour produire ce qu'il
appelle le secret du Père Perignon; c'est une
espèce de précaution oratoire par laquelle il permet
d'avoir des doutes sur la vérité de ce qu'il va dire.

« Dom Perignon (1)... Jamais homme n'a été
plus habile à faire le vin; c'est lui qui a mis en
grande réputation le vin de cette abbaye. Une
personne assez digne de foi a prétendu que ce
Père lui avoit confié son secret peu de jours avant
sa mort; quelque peine qu'on ait à le croire, on
donne ici ce secret tel que cette personne dit

sont: Reims, Perignon, Sillery, Hautvillers, Ay, Vaissy,
Verzenay et Thierry. On croit que le vin de Champagne
doit sa première réputation à MM. Colbert et Le Tellier,
ministres d'Etat, qui possédaient de grands vignobles
dans la province de Champagne. On fait néanmoins
remonter beaucoup plus loin le temps de la réputation
de ce vin, car on assure que le Pape Léon X, Charles-
Quint, François Ier et Henri VIII, roi d'Angleterre,
voulurent toujours user du vin d'Aï, comme le plus
excellent et le plus épuré de toute senteur de terroir.
Ils avaient leur propre maison dans Aï ou proche d'Aï,
pour y faire curieusement leurs provisions. Voilà sans
doute d'illustres confrères dans l'ordre des Côteaux. »
(*Œuvres de Boileau avec des éclaircissements historiques,*
1716, in-4°, t. I, p. 34).

(1) Page 40 du Mémoire.

l'avoir écrit sous la dictée de ce religieux, comme il étoit sur sa fin. »

Ainsi, l'auteur lui-même déclare n'être pas bien certain que le Père Perignon ait usé de la recette qu'il apporte; au surplus, il faut reconnaître que dans cette préparation avec une livre de sucre et un quart de litre d'eau-de-vie, on était bien réservé: l'expérience apprend, en effet, que le vin gagne beaucoup par son association avec ces deux ingrédients, employés à plus forte dose; mais il n'est pas étonnant que dans les commencements on hésitât, soit qu'on craignît d'altérer le vin, soit qu'on ne voulût pas s'exposer au reproche de lui enlever ses propriétés naturelles.

Remarquons aussi que si Chaptal recommande l'addition du sucre pour l'amélioration du vin, il prescrit de la faire au moût et avant la fermentation; tandis que suivant le Mémoire, la collature dont il donne la composition se verse dans le tonneau quand le vin a cessé de fermenter.

Pour rendre hommage à la vérité, il faut ajouter que dom Grossard, dans sa lettre déjà citée à M. Dherbès, dit positivement:

« Je vous déclare que jamais nous ne mettions de sucre dans nos vins; ce que vous pouvez attester quand vous vous trouverez dans des compagnies où on en parlera. » Suivant Dom Grossard, « le Père Perignon a trouvé le *secret* de faire le vin blanc mousseux et non mousseux et en outre le moyen de l'éclaircir sans être obligé de dépoter les bouteilles... C'était dans le mariage des vins que consistait leur bonté, et dom Perignon, sur la fin de ses jours, étant aveugle, se faisait apporter des raisins des diverses contrées, les reconnaissait, et disait : « Il faut marier le vin « de cette vigne avec celui de telle autre. »

Si la bonté des vins d'Hautvillers (1) consistait seulement dans un mariage ou coupage fait avec intelligence, il n'y avait pas de *secret* à divulguer et dont auraient profité d'autres vignobles. Il ne resterait de l'assertion du Père Grossard que ce qui touche à l'art d'éclaircir les vins, sans dépoter les bouteilles. Celui-ci dit dans sa lettre que dom Perignon avait instruit dans ce secret le frère Philippe, qui fut chargé de la surveillance des vins d'Hautvillers pendant cinquante ans; que le Père André le Maire, successeur de dom Philippe, se serait acquitté du même emploi près de quarante ans; et enfin que ce Père ayant fait une grande maladie et croyant mourir, aurait confié ce secret de clarifier les vins à lui dom Grossard; secret que prieur, procureur ni religieux n'auraient jamais connu (2).

---

(1) En 1789 l'abbaye d'Hautvillers avait soixante-quatorze arpents de vigne (à cinquante-et-un ares l'arpent). — Archives de la préfecture.

(2) Les *Biographies modernes,* article Perignon, disent que celui-ci était parvenu à donner au vin de Champagne cette finesse, ce montant qui le distingue ; elles

Dom Grossard disait ensuite : « On commence déjà (1821) dans nos environs (Montier-en-Der) à faire des vins à la manière de Champagne, on se trouve très-bien de la recette que j'en donne. »

Que cette recette se rapportât au collage des vins, nous l'admettons : mais ignorait-il le secret attribué à dom Perignon de rendre le vin plus délicat et plus friand, ou bien a-t-il craint qu'on ne qualifiât de sophistication le procédé que plus tard Chaptal et autres ont recommandé ? Toujours est-il que dès 1722, on le signalait comme employé depuis longtemps ; chacun par conséquent dès lors était libre d'en faire l'essai et de se le rendre propre.

On peut bien penser que les amateurs et les producteurs, jaloux de faire donner la préférence

ajoutent : qu'il ne garda ni pour lui ni pour sa maison son secret, et qu'il publia des Mémoires, sur la manière de choisir les plants de vignes convenables au sol..., de faire la cueillette et de gouverner les vins... qu'il étendit ainsi le commerce et accrut la richesse d'une grande province ; qu'il fit pour l'amélioration des produits ce que les premiers moines avaient fait pour le défrichement et les plantations.

Si dom Grossard a dit vrai, les biographes ont flatté beaucoup le portrait de dom Perignon ; il ne paraît pas avoir jamais rien fait imprimer, et l'écrit intitulé : *Manière de cultiver la vigne*, etc., publié en 1718 pour la première fois (trois ans après sa mort), n'est assurément pas de lui. (Voir p. 1, note 1.)

à leurs vins, n'y ont pas manqué. La correspondance de M. Bertin du Rocheret, si on l'avait *in
extenso*, pourrait donner sur cet objet des renseignements précis ; mais elle n'existe qu'en extraits
très-succincts (1).

Le 29 décembre 1726, il écrit à son parent
Bertin de Drelincourt :

« Manière d'accommoder le vin de Champagne : » tel est le sommaire de sa lettre.

En annonçant son vin à M. Delorme, le 5 septembre 1725, il dit : « le mousseux et *liqueur*,
trente sols ; » l'autre meilleur, vingt-cinq sols.

Il a correspondu et fait des affaires depuis 1725
jusques en 1754 avec M. Jame Chabane, Anglais
demeurant à Londres ; en lui annonçant les vins de
1725, il écrit le 16 octobre : « Les flacons blancs,
mousseux liqueur, trente, quarante, cinquante ; les
ambrés, non mousseux sablant, vingt-cinq sols. »

Au même le 25 octobre 1730, annonçant la
récolte de 1730 ; liqueur épicée, noblesse, sentant
leur pays, trois cent cinquante livres, quatre cent
cinquante livres.

(1) Cependant il ne faut pas oublier que jusqu'à
la fin du XVIII° siècle, on était généralement disposé
à regarder les vins liquoreux et sucrés comme inférieurs
de qualité aux vins grimpants, montants, et quelque peu
surets ; les mots *liqueur* et *liquoreux* pourraient donc,
dans les lettres de Rocheret, n'avoir rien de commun
avec l'emploi du sucre et la manutention actuelle.

Par celle de 1731, il lui mande, le 28 mai 1732 :
« Les Anglais sont aussi fous que les Français
sur la liqueur et la couleur; je ne sais si nous
mousserons. »

Plus tard, le 7 décembre 1744, il lui annonce
onze poinçons liquoreux.

Après avoir si longtemps parlé de dom Perignon et de son prétendu secret, on nous permettra de rappeler qu'on trouve dans une lettre que
le normand Saint-Evremont adressait de Londres,
dès 1671, au comte d'Olonne, alors relégué à
Orléans pour avoir répandu quelques malins propos sur la Cour :

« N'épargnez aucune dépense pour avoir des vins
de Champagne, fussiez-vous à deux cents lieux de
Paris. Ceux de Bourgogne ont perdu leur crédit
avec les gens de bon goût ; à peine conservent-ils
un reste de vieille réputation chez les marchands.

« Il n'y a point de province qui fournisse d'excellents vins pour toutes les saisons que la Champagne. Elle nous fournit les vins d'Ay, d'Avenet,
d'Auvillé (1), jusqu'au printemps (2); Tessy,
Sillery, Verzenai pour le reste de l'année.

(1) La mention d'Auvillé, faite à cette date par un
vieux gourmet retiré depuis dix ans en Angleterre,
prouve bien que le renom de ce vignoble était établi
longtemps avant dom Perignon.

(2) Cette distinction des saisons pour le vin de Champagne est singulière. Il faut croire que dans ce temps-là

« Si vous me demandez lequel je préfère de tous les vins, sans me laisser aller à des modes de goût qu'introduisent de faux délicats, je vous dirai que le bon vin d'Ay est le plus naturel de tous les vins (1), le plus sain, le plus épuré de toute senteur de terroir, d'un agrément le plus exquis par le goût de *pêche* qui lui est particulier, et le premier à mon avis de tous les goûts.

« Léon X, Charles-Quint, François Ier et

---

on ne recherchait pas les vins en raison de leur âge ou de leur solidité, et qu'on se contentait de les boire un an, dix-huit mois ou deux ans après la récolte.

(1) « Charles-Quint venant prendre son camp à la vue d'Epernay (1544), établit en personne son quartier général à l'abbaye d'Avenay ; il fit bâtir Charles-Fontaine dans un bocage au-dessus d'Ay pour son vendangeoir. » (Histoire manuscrite d'Epernay, par Bertin du Rocheret.) « En 1672, il y avoit à Charles-Fontaine un prieuré doté de mille livres de revenu, possédé par l'abbaye de Saint-Denis ; il dépendoit du bénéfice des Chantres à Reims. A cette époque, la chapelle étoit bien entretenue de bâtiments et d'ornements, on y disoit la messe une fois par mois ; mais en 1712 cette chapelle étoit en mauvaise état, on n'y célébroit plus de service divin, mais il y avoit toujours une maison du nom de Charles-Fontaine, au moins est-elle encore mentionnée en 1726. »

D'après la tradition, une maison d'Ay, voisine de la rue de L'huilerie et de la cour Cellart aurait été construite avec les matériaux provenant de ce prieuré ; on y voit une Vierge bien conservée ; elle est dans une niche qui paraît du style de la Renaissance.

Henri VIII avoient tous leur propre maison dans Ay ou proche Ay (1), pour y faire plus curieusement leurs provisions. Parmi les plus grandes affaires du monde qu'eurent ces grands princes à démêler, avoir du vin d'Ay ne fut pas un des moindres de leurs soins. »

La lettre de Saint-Evremont ne distingue pas les vins blancs des vins rouges de Champagne; elle paraît se rapporter plutôt à ces derniers, puisqu'ils y sont mis en comparaison avec ceux des autres provinces qui ne faisaient pas alors de vins blancs. Mais la collature (expression du Mémoire) attribuée à dom Perignon, convient au vin rouge comme au vin blanc; et ne serait-ce pas de cette collature dans laquelle on exprimait le jus de cinq à six pêches que le vin d'Ay tenait cet excel-

---

(1) C'est le passage que Brossette a répété dans la note que nous avons citée plus haut, passage d'ailleurs confirmé par Bertin du Rocheret, t. I. p. 838, de ses Recueils. On voit encore aujourd'hui les croissants qui formaient le corps de la devise de Catherine de Médicis, sur les murs extérieurs d'une maison d'Ay; comme à Avenay, l'ancien écu de France sur la cheminée d'une maison, convertie plus tard en hôpital. La couronne et la forme de la fleur-de-lis, accusent les premières années du seizième siècle ou la fin du quinzième.

L'empereur Sigismond venant en France en 1410, « voulut, dit-il, passer par Ay pour goûter le vin du cru, sur les lieux et dans la ville même.» — Le roi Charles IX avait un vendangeoir à lui dans Ay.

lent goût de pêche, le meilleur de tous selon
Saint-Evremont ? Cette révélation prétendue
d'un secret nous fait probablement connaître un
usage pratiqué dans le pays assez généralement et
dont on aurait à tort reporté l'invention à l'esti-
mable caviste de l'abbaye d'Hautvillers.

Peut-être y aurait-il quelque rapport entre cet
usage et celui qui existe encore chez certains
propriétaires de mettre au temps des vendanges
des feuilles de pêcher dans l'eau chaude avec
laquelle on rince les tonneaux. Ils emploient
assez de ces feuilles pour donner à l'eau un goût
agréable et que l'on prétend se communiquer au
poinçon ; le vin pourrait bien en garder quelque
chose. C'est au surplus ce qui est indiqué par le
Mémoire de 1722 (1) : « On peut mettre dans
l'eau quelques poignées de fleurs ou de feuilles de
pêcher, on prétend que cela fait bien pour le vin. »

Il est bien d'améliorer le vin, mais il faut
aussi le guérir des maladies auxquelles il est
sujet : la graisse attaquait souvent les vins blancs
avant qu'on eût reconnu que le tanin pouvait le
débarrasser du principe qui engendre cette affec-
tion : dans le Mémoire de 1718, on indique le
moyen de la guérir : d'abord si elle se produit
quand le vin est en bouteilles (2) : « Il y a des an-

(1) Page 18.
(2) Page 30.

nées, y est-il dit, où le vin graisse dans les flacons, dans les caves même, en sorte qu'il file lorsqu'on veut le vider, comme s'il y avait de l'huile et qu'on n'en saurait boire; mais c'est pour ainsi dire une maladie qui prend au vin et passe au bout de quelques mois, même sans le déplacer : si on le met à l'air, il se dégraisse plus tôt qu'en le laissant à la cave. Il se remettra en huit jours dans un grenier bien aéré, ce qu'il ne fera pas quelquefois dans six mois de cave.

« On peut encore, quand on est pressé de boire un vin gras, agiter fortement un flacon durant l'espace d'un *miserere* (une minute ou une minute et demie) et le déboucher promptement dès qu'on cesse de l'agiter; le flacon un peu penché sur le côté rejette d'abord un demi-verre de mousse ou d'écume et le reste du vin se trouve potable, au lieu qu'il ne l'était pas auparavant. »

Quand la graisse attaque le vin dans le tonneau, le Mémoire de 1718 (1), donne le moyen de le rendre sec. « Il faut mettre deux ou trois poignées de feuilles de groseillier sauvage dans chaque pièce, le bien remuer à diverses reprises, le laisser reposer ensuite trois jours et après le soutirer; d'autres se servent pour la même fin du blanc de six œufs sans aucun germe, d'une livre de sucre de Canarie, bien blanc et pilé très-fin,

---

(1) Page 38.

de demi-livre d'alun blanc brûlé et mis en poudre, ce qui lui ôte sa mauvaise qualité ; on bat et on mêle le tout dans une pièce de vin. »

Dans sa correspondance avec M. Chabane, M. Bertin du Rocheret indique un autre moyen de guérir cette maladie du vin. La lettre du 9 septembre 1731, traite des vins bleus et de la graisse ; probablement ce correspondant s'était plaint de cette altération subite pour son vin : il lui indique pour remède une forte dose de tartre pulvérisé, et il faut remarquer que cet Anglais connaissait le mode de collage des vins ; il lui avait été indiqué dès 1730. M. Bertin du Rocheret, tout en fournissant le moyen de guérir la graisse du vin ajoute : « ménagez la colle. »

Et à cette occasion envoyant d'Epernay six semaines plus tard (13 octobre 1731) une certaine quantité de tartre que l'on n'avait sans doute pas trouvé à Londres, il fait cette recommandation : « Il ne faut jamais garder le vin fin en cercle les trois sèves avril, juin et août, mais on devait alors tirer le vin du *clos* dont il n'a qu'une pièce et qu'il convient de réserver pour la provision de la cour. Il faut avertir un an à l'avance pour Hautvillers et Sillery. »

Chaque année, en envoyant du vin en cercles à M. Chabane, il accompagnait son vin d'une certaine quantité de tartre blanc (1) à raison de

---

(1) Aujourd'hui *tartrate de potasse, crème de tartre.*

quatre francs la livre par poinçon; il le fallait
battre et tamiser (1). Il devait être blanc et non
coloré (2), c'est l'objet d'un reproche adressé au
fournisseur auquel le tartre non blanc était refusé.

Au surplus la quantité de tartre indiquée pour
chaque pièce paraît énorme; mais il faut croire
que cette substance était envoyée avant d'être
purgée des corps étrangers; épurée comme celle
que l'on prépare aujourd'hui dans les pharmacies,
elle devait être réduite des trois quarts au
moins.

Après la maladie de la graisse, il y a celle qui
intéresse la couleur, voici ce qu'en dit le Mémoire
de 1718 :

« Quand le vin jaunit ou pèche autrement en
couleur, il faut mettre dans chaque pièce une
chopine de lait de vache fort chaud, remuer le vin
avec un bâton à mesure qu'on y jette le lait sans
remuer la pièce. La couleur ordinaire du vin se
rétablit rouge ou gris comme elle étoit auparavant;
ce qui se fait en moins de trois jours. Pour pouvoir jeter le lait tout chaud dans la pièce, on fait
chauffer le pot ou le vase de faïence dans lequel

---

(1) Lettres du 19 mars 1747 ; — du 22 décembre 1748 ;
— des 6 janvier et novembre 1749 ; — des 28 novembre,
3, 26 décembre 1750 ; — des 3, 13 janvier; 24 décembre
1753. On demande trente ou quarante livres en caisses
pour Calais.

(2) Lettre du 13 janvier 1753.

on trait le lait, ce qui fait que la chaleur se conserve. »

Quelle que soit l'assurance avec laquelle cette recette est donnée, on peut douter de son efficacité : il en est sans doute autrement de celle qui suit.

Si le vin est acide, le remède est ainsi indiqué :

« Pour ôter ou du moins diminuer considérablement l'acide d'un vin qui aigrit, mais qui n'est pas tout à fait aigre, il faut faire calciner au feu deux bonnes poignées de craie blanche, la réduire en poudre, la faire rougir au feu, la jeter ardente dans le tonneau et le bondonner à l'instant. Il est encore fort bon quand on a des écailles d'huîtres d'en faire calciner, mettre en poudre et en jeter une demi-poignée avec la craie dans la pièce ; cela cause un frémissement dans le vin, qui lui ôte son aigreur dans deux ou trois jours au plus ; après le troisième, il faut soutirer le vin dans une autre pièce. »

Dans le temps où le Mémoire s'est publié, on considérait encore comme maladie du vin ce qui, plus tard et aujourd'hui encore, est recherché comme une de ses qualités : c'est la liqueur, bien entendu qu'il s'agit de la liqueur naturelle ; je cite à cet égard le texte de ce Mémoire (1) :

« Lorsque le vin a de la liqueur, quelque bon

(1) Page 38.

qu'il soit, il n'est pas estimé ; il importe de lui faire perdre cette mauvaise qualité qu'il ne perdroit pas de lui-même. Il faut pour cela mettre une pinte de lait de vache tout chaud dans chaque pièce, le bien retourner durant un demi-quart d'heure, laisser reposer trois jours et soutirer ensuite. »

On voit que le remède de cette prétendue maladie est le même que celui qu'on indique pour la jaunisse de vin, sauf la quantité de lait à employer ; mais la couleur jaune est bien une altération du vin provenant de la mauvaise qualité du raisin, tandis que la liqueur est la conséquence d'une maturité bien complète, sans être excessive, qu'on recherche aujourd'hui et que l'on n'obtient qu'assez rarement ; mais dans ces premiers temps de la vogue du vin blanc en Champagne, on le voulait sec et non sucré.

Voici, à cette occasion, un extrait de la correspondance de M. Bertin père.

L'année 1715 avait été sans doute chaude et le raisin avait bien mûri ; le vin était liquoreux.

M. Bertin adresse à Sèvres quinze pièces de vin d'Hautvillers tout collé, il recommande de le soutirer après qu'il aura reposé. Il ajoute (1) :

« Ils se trouveront meilleurs après ce travail ; à quoi j'ajoute que, comme ils ont un peu de liqueur, les sels qui résident dans la lie peuvent

_____

(1) Lettres de Bertin du 21 février 1716; n° 229.

mieux que le soutirage, lui faire passer la petite liqueur qu'ils ont. »

A l'occasion de cette même récolte, M. d'Artaignan écrit le 6 juin 1716 (1) :

« Je ne vous ai rien dit sur le vin que vous m'avez envoyé, vous m'avez mandé que ce seroit le meilleur vin de Champagne ; mais je vous dirai à ma honte ou à mon mauvais goût qu'il s'en faut bien que je le trouve si bon, la couleur en est jaune et liquoreuse : je croyois que quand il auroit reposé à la cave sa liqueur se perdroit et qu'il pourroit tourner en sève, je lui donnerai tout le temps de se raccommoder ; tant qu'il sera comme cela, je n'en boirai pas du tout, je suis bien trompé, si ce n'est du Cumières, il en a fort la couleur.

« Mandez-moi si vous croyez que celui que j'ai puisse se tourner en sève et s'il restera toujours liquoreux, ce qui seroit fort triste pour moi. »

M. Bertin, expéditeur de ce vin, défend le mieux qu'il peut sa marchandise ; mais il ne fait pas de ce goût liquoreux une qualité :

« Je suis bien fâché, dit-il, que l'excellent vin que je vous ai livré ne se trouve pas à présent en état de vous faire plaisir et à moi honneur. Il n'est pas de Cumières, mais bien de Pierry et Hautvillers avec un peu d'Ay, dans tout

(1) N° 231.

ce qu'il y a de plus fin. Je lui ai trouvé, comme vous, un brin de liqueur qu'il n'auroit pas si j'eusse attendu pour le tirer en bouteilles, dans laquelle ce peu de liqueur passera et tournera en sève.

« A l'égard de la couleur, il doit en avoir une parfaitement belle : il se peut que le commencement de la fermentation pour mousser le brouille ou l'embarrasse, mais lorsqu'il moussera et reprendra son clair fin dans le verre, vous la trouverez belle. »

Toutes ces prévisions se sont réalisées : une lettre du 2 août 1716 (1) écrite par ordre de M. d'Artaignan, contient des excuses de la part de celui-ci : « le vin est excellent ; à la vérité, au commencement, on lui trouvoit un peu de liqueur, mais elle s'est bien tournée, on l'a trouvé si bon qu'il n'en reste presque plus ; on l'envoie à tout le monde pour le faire goûter. »

Cette expérience et d'autres semblables ont sans doute fait tomber toute prévention contre la liqueur du vin ; on n'a pas oublié la correspondance citée plus haut : dès 1725 on annonçait, tout en désapprouvant cette disposition, que les *Anglais en étoient fous comme les Français.*

Après avoir indiqué les maladies du vin et les remèdes proposés contre ces maladies, voyons si

(1) No 232.

le vin en bouteilles était soumis à quelque prépa-
paration. Il est certain qu'on ne prenait pas autrefois les précautions qui sont en usage aujourd'hui ;
peut-être n'était-on pas aussi difficile sur la limpidité
de la boisson. Une partie se consommait dès le
commencement de l'année, c'était ce qui s'appelait
le boire bourru (1), ou comme tocane (2), ou en
nouveau (3); et on conçoit que ce vin, envoyé collé,
n'avait pas le temps de déposer. Quant à celui
qui se tirait en mousseux, il est probable qu'à
la manière dont le vin se faisait avec des raisins
d'un choix sévère, il formait peu de dépôt dans
le flacon ; d'ailleurs, suivant la lettre de dom
Grossart citée plus haut, on avait pour les vins

(1) Lettre de M. Bertin père, 8 janvier 1706, nᵒ 159, à
M. d'Artaignan ; il y annonce l'envoi de vins non sou-
tirés, mais collés, afin qu'ils soient prêts dans peu pour
boire ; il en rappelle un précédent de vin de Pierry
pour boire après la Pentecôte.

(2) Lettre de M. Bertin père, du 11 novembre 1711,
nᵒ 184, à M. le Maréchal d'Artaignan : « Un poinçon
de tocane d'Ay pour boire cet hiver à commencer dès à
présent, c'est-à-dire qu'il doit être bu dans les jours
gras. Et le 7 décembre 1711, pour du vin semblable : ce
vin fin de tocane d'Ay doit être bu dans les jours gras
étant fait exprès pour ce temps-là ; autrement il pourroit
s'user et perdre beaucoup de son agrément. » De même
en 1716, 21 février, il écrit (nᵒ 229) « Vous pouvez faire
boire le vin d'Hautvillers incontinent après Pâques. »

(3) Le 29 novembre 1729, à M. Chabane, il devait
faire charger du clos Saint-Pierre *pour boire en nouveau.*

d'Hautvillers un mode de collage qui l'en préservait.

On a vu qu'il donnait ce procédé comme un secret appartenant à l'abbaye et connu seulement, depuis le Père Perignon, des frères Philippe et André Lemaire. Mais soit qu'il en eût transpiré quelque chose, soit que d'autres personnes eussent fait la même découverte dans la manutention des vins, M. Bertin du Rocheret le transmettait, dans une lettre du 26 juillet 1752, à ce correspondant qui faisait chaque année un tirage à Londres (1).

Quoi qu'il en soit, plus tard on reconnut la nécessité de débarrasser le vin du dépôt qui lui ôtait sa limpidité. On ne trouva d'abord d'autre moyen que celui de le faire passer dans une autre bouteille, c'est à-dire le transvaser : on agissait ainsi pour le mousseux comme pour celui qui ne moussait pas ; mais en ce qui concerne le premier il y avait des inconvénients, le moindre était la diminution de la mousse ; l'opération en elle-même présente des difficultés: on ne peut la pratiquer qu'avec déperdition du vin et en y employant beaucoup de temps. Ce ne fut cependant qu'au commencement de ce siècle qu'on substitua au tranvasement du vin mousseux, l'opération du dégorgeage ; il existe même encore des témoins

---

(1) On a la mention de l'envoi, mais non pas le secret lui-même.

pour constater l'époque de ce changement de manutention, et la lettre de dom Grossart le prouve quand il fait valoir le secret de conserver la clarté du vin, sans être obligé, dit-il, de *dépoter* les bouteilles, « comme cela se pratique chez vos gros marchands plutôt deux fois qu'une, et nous jamais. » Il faut, par cette expression, *dépoter*, entendre l'ancienne méthode, celle de transvaser. Retiré à Montierander depuis 1790, dom Grossart ignorait qu'en 1821 on ne dépotait plus les vins; mais qu'on procédait à leur clarification par le dégorgeage. Cette opération est précédée, comme on sait, de l'appel sur le bouchon du dépôt qu'on doit extraire ; la manipulation de la bouteille pour obtenir ce résultat préalable fut d'abord longue et exigeait des soins minutieux : l'ouvrier prenait chaque bouteille déjà mise sur pointe et en appuyant le coude sur son genoux pour soutenir le poignet, il parvenait par des secousses réitérées à amener au goulot les ordures qui devaient être rejetées du vin; à l'aide de la lumière placée derrière lui, il suivait les effets de son travail ; et plusieurs fois, à trois semaines ou un mois de distance, il fallait recommencer cette besogne ingrate.

Il se passa encore vingt ou vingt-cinq ans avant qu'un procédé plus simple fournît le moyen d'arriver au but et de dépenser moins de peine, si ce n'est moins de temps.

L'opération elle-même de l'expulsion du dépôt ne s'est pas toujours faite de la même manière : d'abord pratiquée en tenant la bouteille renversée, on est arrivé à l'exécuter par la force de la mousse qui rejette d'elle-même les parties hétérogènes.

Le vin resté ou devenu limpide, on avait un moyen de le rendre meilleur ou tout au moins de faire ressortir tout le mérite qu'il peut avoir, c'était de le frapper de glace. On avait même recours à ce procédé longtemps avant que l'on ne fît des vins blancs en Champagne.

On trouve dans une lettre imprimée des chevaliers de l'Arquebuse de Reims convoqués en février 1687 pour le 15 juin de la même année (1), le passage suivant :

« Que les chaleurs de la saison ne vous rebutent point.... outre qu'il est glorieux à des combattants d'être couverts de poudre et de sueur, nous chercherons tous les moyens possibles pour en adoucir les incommodités. Nous avons conservé les glaces de l'hiver pour modérer les ardeurs de l'été ; nos vins également frais et délicieux pourront vous désaltérer avec plaisir. »

Et quand l'auteur du Mémoire sur la manière de cultiver la vigne et de faire le vin en Champagne donnait, en 1718, des règles pour l'application

---

(1) Bibliothèque d'Epernay, dans les recueils Du Rocheret.

de la glace à ce vin, il ne faisait que constater ce qui se pratiquait.

« Il faut le sortir, dit-il, de la cave un demi-quart d'heure avant de le boire, le mettre dans un seau avec deux ou trois livres de glace, déboucher le flacon et remettre légèrement le bouchon dessus, sans quoi le vin feroit casser le flacon ou ne rafraîchiroit pas, s'il n'étoit pas débouché, ou s'évaporeroit s'il restoit entièrement ouvert. Lorsque le flacon a été un petit demi-quart d'heure dans cette glace il faut l'en tirer, parce que trop de glace lui donneroit trop de roide et lui feroit perdre sa mousse. On trouve dans le vin tout ce qu'il a de bon et un goût même délicieux, quand il est un peu frappé de glace ; mais il ne faut pas qu'il le soit trop ni trop peu. »

Cette méthode ne paraît autre que celle qui s'observe encore ; on n'a pas jugé à propos d'y rien changer.

Bertin du Rocheret recommandait cette application de la glace au vin le plus vineux d'Ay (1) qui, d'abord, avait paru n'être pas d'une qualité supérieure.

Pour apprendre comment s'est établi le commerce de vin de Champagne, il faudrait avoir

---

(1) Lettre du 14 février 1737, à M. Véron : il envoyait cent-vingt flacons et recommandait qu'on n'y touchât que dans un mois.

à sa disposition, s'ils existent encore, les livres
des maisons de Reims qui, les premières, l'ont
fait connaître surtout à l'étranger ; en s'en tenant
aux écrits qui nous restent de MM. Bertin
du Rocheret père et fils, on voit que si le premier
envoyait des vins tirés en bouteilles, c'était souvent
quand il les y avait fait mettre pour un client qui l'avait
particulièrement recommandé : il ne manquait
pas toutefois d'en faire aussi provision pour lui ;
puisque pour ce vin de 1715, qui lui avait amené et
des reproches et des excuses de la part du Maréchal
d'Artaignan, il offre quinze cents bouteilles qu'il
a en cave, pareilles à celles dont en définitif on a
fait un si grand éloge : le prix en est de trente-cinq
sols argent comptant pris à Epernay (1).

Il envoyait aussi son vin en tonneaux, parfois
tout collé avec les indications nécessaires pour
le temps et la manière de le boire à telle, ou telle
époque, ou de le mettre en bouteilles. Cependant, déjà le commerce des vins à l'extérieur
avait dû prendre de l'extension. Le Mémoire de
1718 (2) remarque que l'usage des flacons ronds
est très-commun en Champagne : « comme il y a
beaucoup de bois dans la province, on y a établi
bien des verreries dont la principale occupation
est de faire ces flacons, hauts d'environ dix

(1) Lettre du 13 août 1716.
(2) Page 28.

pouces, y compris les quatre ou cinq de goulot. »
Mais c'est probablement le vin de montagne qui
avait été surtout l'objet de cette exportation. Le
Mémoire de 1718 porte (1) :

« Les Anglois, les Flamands, les Allemands,
les Danois, les Suédois veulent des vins forts
qui puissent supporter le transport et se soutenir
deux ou trois ans dans leur bonté, ce que ne sauroient faire les vins de rivière. »

Dans la lettre imprimée du 1ᵉʳ février 1706,
écrite pour soutenir le vin de Champagne contre
celui de Bourgogne, on lit que Tavernier, tome II,
chapitre 22 (2), assure qu'il a toujours fait présent
de vins de Champagne aux souverains qu'il avait
l'honneur de saluer.

Il faut cependant reconnaître que le vin blanc
qu'on ne prenait que dans les crus d'élite ne se
récoltait qu'en petite quantité, eu égard à la totalité
du produit des vignes. On faisait du vin rouge
dont on approvisionnait Paris ; les expéditions
avaient lieu par la Marne. Le Mémoire de 1718 (3)
porte ce renseignement qui d'ailleurs nous paraît
renfermer des allégations fort inexactes, puisque
le commerce et le renom des vins rouges de
Champagne était parfaitement établi dès le dix-

---

(1) Page 34.
(2) Tavernier est né en 1605 et mort en 1689.
(3) Page 28,

septième siècle, comme on le voit par la *Lettre
de Saint-Evremont au comte d'Olonne*, et par les
vendangeoirs royaux du seizième siècle dans Ay
et dans les environs d'Ay :

« Depuis peu d'années, quelques particuliers
ont entrepris de faire en Champagne du vin aussi
rouge que celui de Bourgogne et ils ont assez bien
réussi pour la couleur; mais, à mon sens, ces sortes
de vin ne valent pas tout à fait ceux de Bourgogne
et il s'en faut qu'ils ne soient aussi moëlleux ni
même aussi agréables au goût. Bien des gens
cependant en demandent ; quelques-uns même
les trouvent meilleurs, et comme les vins gris (1)
sont un peu tombés, il s'en est fait les années
dernières bien des rouges en Champagne, ces vins
sont bons pour la Flandre où on les débite pour
du Bourgogne. »

La lutte soutenue au commencement du siècle
pour le vin de Bourgogne contre celui de Champagne s'était alors assoupie ; sans cela l'adversaire
de ce dernier n'eût pas manqué de prendre acte
de ces quelques lignes sorties des presses cham-
penoises de Reims (2).

Quant aux vins blancs pour l'Angleterre, c'était
en cercle qu'on devait les expédier ; du moins

---

(1) On donnait ce nom aux vins blancs faits avec des
raisins noirs.

(2) Voir l'essai sur l'Histoire des vins de Champagne,
lu, en 1845, par M. Max-Sutaine à l'Académie de Reims.

c'est ainsi que M. Bertin du Rocheret en usait avec son correspondant M. Chabane, qui paraît avoir été le fournisseur de la Cour de Londres. Depuis 1715 jusqu'en 1754, il lui en fut expédié à .peu près chaque année, d'abord dix pièces, puis seulement quatre ; en 1744, il lui était envoyé par Dunkerque onze pièces dont quatre pour Saint-Pétersbourg. Les autres expéditions se sont faites par Calais. Le commissionnaire qui en était chargé, soit pour Calais, soit pour les autres pays où M. Bertin du Rocheret en envoyait, recevait soixante-dix francs ou soixante-quinze francs la queue jusqu'à Calais ; un bobillon pour le remplissage accompagnait l'envoi à partir de 1731 ; il conduisait aussi, comme il a été dit, quatre livres de tartre par pièce.

L'entrée des vins français en flacons paraît avoir été interdite en Angleterre jusqu'en 1745 (1). Un ancien livre anglais porte qu'il en était entré pour la première fois en 1746. Auparavant, il a bien été expédié des flacons par M. Bertin du Rocheret à son correspondant de Londres ; mais c'était par Dunkerque ou la Hollande, et la fraude, sans doute, se chargeait de les introduire. Après la paix de 1748, l'exportation pour l'Angleterre a dû

(1) Lettre du 24 mai 1746, à M. J. Chabane : *Les flacons permis en Angleterre.* La défense avait été levée par un acte du Parlement de la dix-huitième année du règne de Georges (1er novembre 1745).

prendre de l'extension. Les vins de 1749 se vendirent bien, et M. Bertin du Rocheret écrivait à M. le marquis du Calvières : « Les Champenois font payer les frais de la guerre aux Anglais. »

En France, on demandait encore souvent le vin en pièces, soit pour le boire nouveau, soit pour le tirer après son arrivée : ainsi en novembre 1738, il avait été acquis pour les petits cabinets du Roi trente pièces ; M. Bertin du Rocheret en avisait, le 11 décembre, M. Castagnet auquel il donne le titre de député des petits cabinets.

Comme c'était de Reims que s'expédiait une très-grande partie du vin de Champagne, on lui donnait assez souvent le nom de cette ville : et c'est ainsi qu'on le trouve désigné dans des lettres et écrits du temps ; mais voici ce qui en advint :

Le *Mercure* avait publié une lettre et des vers où l'on paraissait ignorer certains noms de lieux qui fournissent les bons vins: M. de Sénecé fit insérer dans le numéro du mois d'octobre 1727, page 2188, une lettre datée de Mâcon du 21 septembre 1727 dans laquelle il dit : « Ay et Auvillers sont après Rheims les vignobles les plus estimés de la Champagne et même les plus recherchés dans la primeur. » C'est dans la même lettre où il expliquait l'origine des triolets, ancienne forme de poésie qu'il essayait de remettre à la mode.

La préférence donnée ainsi aux vins de Reims
émut M. Bertin du Rocheret et ce fut le *Mercure*
lui-même qui fut l'organe de sa réclamation en
faveur d'Ay. Le numéro de ce recueil de janvier
1728, page 71, contient une lettre supposée écrite
par le maire d'Ay à l'auteur du *Mercure*, à la date
du 10 janvier 1728 :

« Je vois par vos derniers journaux qu'il s'est
élevé quelque rumeur à l'occasion de la république
à la tête de laquelle j'ai l'honneur d'être, pour un
an seulement à la vérité (1) ; mais telles sont les
constitutions de notre Sénat qui n'est ni moins grave
que celui de Venise, ni moins superbe que celui
de Gênes. Leurs Etats sont peut-être plus étendus ;
mais j'ai sur eux l'avantage d'exercer une domi-
nation plus souveraine sur un nombre infini de
sujets, puisque nous ne connaissons de rebelles et
schismatiques dans tout l'univers que les Maho-
métans.

« J'ai délivré des commissions à nos athlètes

---

(1) En vertu d'une charte de Louis X, en 1312, confirmée par ses successeurs, notamment par Henry IV,
les habitants d'Ay avaient le droit d'élire chaque année
un maire et deux échevins ; le maire d'Ay était admi-
nistrateur de cette ville et juge des différends (l'appel de
ses sentences ressortissait au bailly d'Epernay), excepté
en matière de vols ou de tous autres méfaits appartenant
à la haute justice ; c'était alors le lieutenant criminel
d'Epernay qui était compétent.

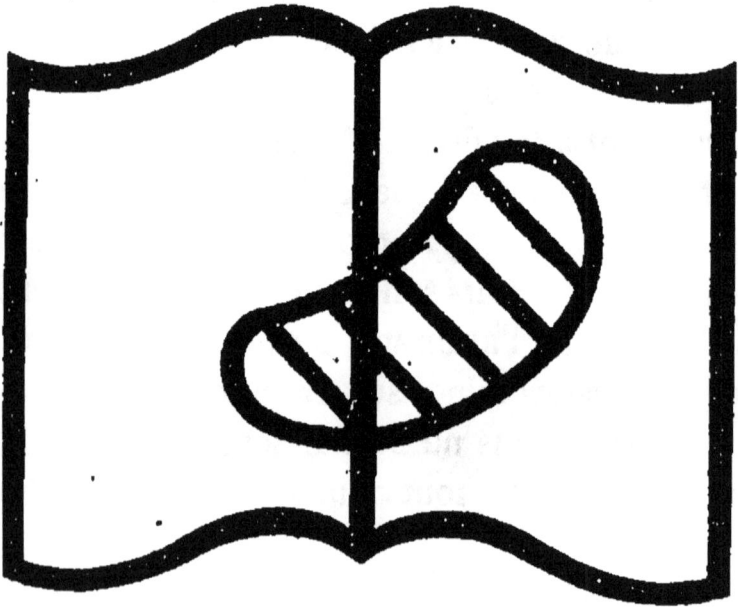

Illisibilité partielle

pour prendre à gauche (1), mais je me suis réservé
l'entière conquête de M. Sénecé que je tâcherai
de nous acquérir par toutes sortes de voies

(1) Ceci a rapport à une discussion engagée alors
dans les colonnes mêmes du *Mercure*, à l'occasion d'un
proverbe qui avait cours en Champagne : *Prenez à
gauche, c'est le chemin de Dreux.* On en avait demandé
l'explication aux habitants de cette ville ; ceux-ci paraissent avoir assez mal pris la plaisanterie ; de là une
querelle qui s'envenima. Ils envoyèrent au *Mercure*, qui
les inséra dans son numéro de novembre 1727, des triolets
qui débutaient peu courtoisement :

Taisez-vous, monsieur le buveur, etc.

dans lesquels on trouve ces deux huitains :

Ce beau proverbe prétendu
Par qui votre lettre nous berne,
Il est à Dreux fort inconnu,
Ce beau proverbe prétendu.
Il fut, ou que je sois pendu,
Fabriqué dans une taverne,
Ce beau proverbe prétendu,
Par qui votre lettre nous berne.

Allez donc paître vos moutons,
Champenois, vous savez l'adage,
Il court toutes les régions :
Allez donc paître vos moutons.
A bon droit nous récriminons
Qui de nous aura l'avantage,
Allez donc paître vos moutons,
Champenois, vous savez l'adage.

La réplique fut vive de la part de la Champagne ; elle
est au *Mercure* de janvier 1728, p. 71. Mais cette discussion ne rentre pas dans mon sujet.

droites, tant il paraît avantageux à notre conseil
d'avoir un homme de son mérite qui puisse digne-
ment remplacer M. de Saint-Evremont. Je lui
envoie à cet effet le formulaire de la prestation du
serment que nous exigeons de nos vassaux. Je
l'engage à ne pas mettre notre vin en concurrence
et encore moins en second avec pas un autre, ainsi
que nous croyons l'avoir lu dans certaine réponse
imprimée dans votre *Mercure* d'octobre 1727. Je
vous prie, Monsieur, de le lui faire savoir par la
même commodité et que nous tiendrons à honneur
de publier la haute estime que nous faisons de sa
personne. Je suis le maire d'Ay. »

Puis viennent les triolets de M. Sénecé :

Qu'ils sont jolis vos triolets,
J'en félicite votre muse,
Plus je les lis, plus je m'y plais ;
Qu'ils sont jolis vos triolets ;
Sénecé, renouvellez-les,
Tout le beau sexe s'en amuse ;
Qu'ils sont jolis vos triolets,
J'en félicite votre muse.

Votre discours est bien sensé,
Fors un endroit qui le dérange ;
Du reste, amusant Sénecé,
Votre discours est bien sensé ;
Mais vous n'avez pas bien pensé
A l'honneur de notre vendange ;
Votre discours est bien sensé,
Fors un endroit qui le dérange.

Ay produit les meilleurs vins,
J'en prends à témoin tout le monde ;
Mais vous préférez ceux de Reims,
Ay produit les meilleurs vins ;
Ce sont les premiers, les plus fins ;
Et Saint-Evremont (1) me seconde :
Ay produit les meilleurs vins,
J'en prends à témoin tout le monde.

Vous en parleriez autrement
Si vous en aviez deux bouteilles :
Je vous les offre; assurément
Vous en parleriez autrement,
Pour porter votre jugement,
Confrontez le jus des deux treilles ;
Vous en parleriez autrement
Si vous en aviez deux bouteilles.

Charles-Quint s'y connoissoit bien,
Il en faisoit la différence :
Et mieux que son maître Adrien (2),
Charles-Quint s'y connoissoit bien,
Pour en boire, il ne tint à rien
Qu'il ne vînt demeurer en France.
Charles-Quint s'y connoissoit bien,
Il en faisoit la différence.

---

(1) Voir plus haut la lettre de Saint-Evremont et l'Appendice.

(2) Le pape Adrien VI, qui avait été précepteur de cet empereur, naquit à Utrecht en 1459. Charles-Quint lui procura la thiare. Il était fort simple dans ses manières, aussi économe que son prédécesseur avait été prodigue et fastueux.

Pour qu'on ne pût le mélanger
Et que sa table fût complète,
Lui-même faisoit vendanger
Pour qu'on ne pût les mélanger.
Léon craignant même danger
D'un pressoir d'Ay fit emplète,
Pour qu'on ne pût le mélanger.
Et que sa table fût complète.

Notre bon roi, le grand Henry
En régaloit sa belle hôtesse (1),
Quand il couchoit à Damery,
Notre bon roi, le grand Henry,

---

(1) Pendant le siège d'Epernay, qui commença le 24 juillet 1592, l'armée du Roi étant campée à Chouilly, ce prince alloit souvent à Damery rendre visite à la présidente du Puy, née Anne Dudey, qui s'y étoit retirée dans son vendangeoir ; le Roi l'appeloit sa belle hôtesse. (Note de Bertin du Rocheret).

Bertin du Rocheret dit que le *camp* de Henri IV était à *Chouilly* ; c'est une erreur dans laquelle il a été induit parce qu'il avait, parmi les pièces qu'il a recueillies, deux lettres (ou diplômes) signées de Henri IV et datées de *son camp de Chouilly*. Mais ces lettres sont du 16 août, et Epernay s'était rendu au Roi dès le 10 août.

La Correspondance de Henry IV, publiée parmi les *Documents inédits de l'Histoire de France*, atteste que *son camp* était d'abord à *Damery même* (lettres du 24 et 25 juillet 1592); le Roi était donc tout près de la Présidente. Dans la lettre du 25, il donne rendez-vous au duc de Nivernois au lieu dit la Justice, entre *Damery et Epernay*. (Note de l'auteur).

C'étoit là son jus favori,
Et son pain, celui de Gonesse.
Notre bon roi, le grand Henry,
En régaloit sa belle hôtesse.

Cette discussion, à l'occasion des vins dits
de Reims, n'eut pas de suite, la ville de ce nom
n'éleva pas de contradiction et se contenta de
continuer à vendre le vin des coteaux d'Ay et des
autres bons lieux de la province.

Si le pays vraiment producteur du vin blanc de
Champagne était contraint, dans ce temps-là, de
réclamer contre l'usurpation de son nom, il paraît
qu'il avait encore à se défendre contre des attaques
d'un autre genre ; on voulait faire passer son vin
pour une liqueur dangereuse et capable de causer
la pierre et la gravelle, la goutte et les rhumatismes.

C'est ce que nous apprend une lettre écrite (1)
par M. Jacques de Reims, prenant le titre de
médecin du roi à Epernay, à M. Helvétius, conseiller d'Etat, médecin ordinaire du Roi et premier
médecin de la Reine.

Le docteur d'Epernay répond avec vivacité à
ses adversaires : « Cette opinion n'a d'autre titre
que la prévention ; et ces maladies ne sont connues en Champagne que par le désordre qu'elles

(1) Recueil Bertin du Rocheret, t. III. Cette lettre
fut envoyée au *Mercure*, le 14 mars 1730; elle a été
insérée dans ce journal, numéro de mars 1730.

causent chez nos voisins : on n'y sçait de la goutte
que le nom (1) et à peine sçait-on ce que c'est
que la pierre. Cette espèce de paradoxe n'a rien
qui doive surprendre votre Grandeur, puisqu'il
est de fait qu'on ne trouve pas à dix lieues, en
remontant ou descendant la rivière, dix personnes
qui en soient même atteintes ; j'ose même ajouter
que la chaleur tempérée de ce vin blanc ou gris
non mousseux, et sa grande légèreté sont les deux
moyens les plus spécifiques pour conserver la
fluidité des liqueurs et la vertu motrice des fibres
dont nos corps sont composés ; au lieu que le
vin rouge ne peut faire qu'un effet tout contraire,
puisque c'est une liqueur pesante, dépouillée et
désarmée de ses parties les plus volatiles, et
chargée d'une trop grande quantité de tartre et
de soufre grossiers, exaltés seulement par la
fermentation qui s'en fait dans la cuve avec les
pépins et la grappe du raisin. »

La même lettre cite, à cet égard, des faits
concluants. Dans l'hiver de 1729, il s'était produit des rhumes fréquents, longs, opiniâtres, et
presque universels dans le royaume, quoique

---

(1) Bertin du Rocheret, dans le volume intitulé :
Citoyens d'Epernay, qui contient l'extrait des registres
de l'état-civil depuis 1644, rapporte le décès, à l'âge de
soixante-quinze ans (1er janvier 1733), de Jeanne Maillard,
veuve de Claude Pavillon, aubergiste de l'*Ecu* : « la *seule*
personne du pays, ajoute-t-il, attaquée de la goutte. »

le froid n'y eût pas été excessif; un médecin de la Faculté de Paris ayant demandé ce qu'il pensait de cette invasion à son confrère d'Epernay, celui-ci lui répondait que la cause et l'origine de ces maladies devaient indubitablemeut être attribuées aux pluies abondantes, aux vents impétueux de l'automne, lesquels avaient rendu l'air trop froid et trop humide et fait déborder les rivières.

« De là sont venus les catharres suffoquants, les apoplexies, paralysies et morts subites, ou au moins les enchiffrenements, enrouements, et rhumes de poitrine accompagnés de fièvres presque toujours violentes. »

Pour ce qui regarde la Champagne : « quoique d'un terrain assez sec, elle a ressenti les mauvaises influences de l'intempérie de l'air, et presque tous ses habitants, particulièrement ceux de la rivière de Marne, ont été attaqués de ces différents rhumes ; mais sans qu'il en soit mort aucun, ni qu'ils aient eu recours à d'autres remèdes que de se tenir chaudement, buvant à l'ordinaire leur vin blanc non mousseux, qui, par sa chaleur tempérée et sa grande légèreté, rendit à leur sang et à leurs humeurs leur première fluidité. »

Vient ensuite l'énonciation des effets que le vin rouge doit produire, quand on le boit exclusivement. D'après M. de Reims, ceux qui en faisaient leur boisson ordinaire avaient été beaucoup plus maltraités.

La conclusion de la lettre est celle-ci :

« Il est certain que le bon vin de Champagne blanc, non mousseux, bu avec modération dans sa maturité et trempé plus ou moins d'eau, est la liqueur la plus propre pour conserver la santé et le seul vin qui puisse être toléré et même conseillé dans plusieurs maladies. »

On conçoit bien qu'imbu de ce principe, l'auteur de cette lettre devait s'élever vigoureusement contre un abus dangereux, dit-il, qui s'introduisait déjà ; on s'efforçait de persuader au public que le vin est une boisson pernicieuse et que l'eau seule est propre à faciliter la digestion et conserver la santé ; suivant lui (sans rappeler ici les motifs qu'il en donne), il doit résulter du fréquent usage de l'eau pure une infinité d'humeurs froides, de maladies soporeuses et de morts subites qui ravagent les villes encore plus que les provinces, parce que l'air y est moins pur et que les habitants des villes y mènent une vie plus sédentaire que ceux des campagnes.

Je ne sais si le conseiller d'Etat, premier médecin de la Reine, honora d'une réponse notre compatriote.

M. Bertin du Rocheret qui nous a conservé la lettre de son oncle, dit avoir eu, quelque temps après, l'occasion d'en faire son profit. Dînant un jour chez M. l'abbé Bignon avec M. Camille

2

Falconnet (1), médecin de la Faculté de Paris, la conversation tomba naturellement sur cette matière, car l'abbé faisait son ordinaire du vin blanc de Champagne. Le célèbre médecin, alors octogénaire, dit qu'à l'exemple de M. l'abbé Bignon, il lui avait donné la préférence sur tous les autres vins.

Il ajouta qu'il « décidait hardiment que ce vin ayant acquis une parfaite maturité dans le tonneau toutefois pris modérément, et plus ou moins trempé d'eau, relativement au tempérament et à l'âge, était la boisson la mieux faite pour entretenir et perpétuer la santé de l'homme. »

C'était déjà bien d'avoir fait voir que l'usage du vin de Champagne ne pouvait être nuisible ; qu'au contraire il portait avec lui des principes propres à faciliter la digestion ; mais il s'agissait là seulement du vin non mousseux. Quant au vin mousseux que les connaisseurs avaient d'abord mal accueilli, on finit par lui trouver une vertu non moins précieuse que celle du non mousseux ; et l'on proclama qu'il pouvait être avec succès employé dans les fièvres putrides et autres maladies de même nature. — Tel est l'objet d'une

(1) Fils et petit-fils de médecins : Falconnet grandit suivant un biographe, la gloire de ses ancêtres par l'étendue de son savoir. Né en 1671 à Lyon, il mourut en 1762, âgé de quatre-vingt-onze ans ; il était depuis 1716 de l'Académie des Belles-Lettres.

thèse soutenue, le 14 mai 1777, par M. Navier (1)
fils, qui fut la même année docteur régent de la
Faculté de médecine en l'Université de Reims;
elle fut imprimée l'année suivante sur la recommandation de M. Rouillé d'Orfeuil, intendant de
Champagne, comme pouvant contribuer à faire
connaître davantage le mérite d'une des productions les plus précieuses dont l'auteur de la nature
nous ait enrichis; et à étendre le commerce de la
province qu'il administrait.

Voici un extrait légèrement emphatique de la
préface :

« Il n'est pas surprenant que dans un temps où
la chimie était encore à son berceau, l'on ait
regardé comme dangereux l'usage des vins de
Champagne, et en particulier celui du vin mousseux; que les médecins eux-mêmes se soient
accordés à les déclarer nuisibles à la santé et que
sans en connaître la nature et les principes, ils

---

(1) Jean-Claude Navier, médecin à Reims, reçu
docteur le 24 novembre 1777, mort à Reims en 1828, à
l'âge de soixante-dix-sept ans. Cette thèse était écrite
en latin, l'auteur lui-même la traduisit en français, sans
s'astreindre servilement à son texte. M. Navier était
l'un des fils de M. Navier (Pierre-Toussaint) de Châlons;
il fut correspondant de l'Académie des Sciences,
directeur de l'école secondaire, médecin en chef des
hospices civils, membre du jury médical et chevalier
de la Légion d'honneur.

aient publié d'âge en âge (1) qu'ils étaient de tous les vins les moins salutaires.

« Maintenant que les chimistes ont étendu la sphère de leurs connaissances, que le flambeau de l'analyse a porté le plus grand jour sur une infinité de productions de la nature, autrefois inconnues, ce sentiment enfanté par une ignorance longtemps invincible et accréditée par le préjugé, ne peut plus être qu'une pure chimère.

« De tous les vins, il n'en est pas qui contienne moins de parties tartareuses que les vins de Champagne. Il n'en est point, par conséquent, qui soit moins propre à porter avec lui les germes douloureux de la goutte et de la gravelle ; il est également démontré qu'il n'en est point de moins incendiaire, puisque la partie spiritueuse s'y trouve moins abondante.

« Indépendamment de ces qualités précieuses que le vin mousseux partage avec les autres vins de Champagne, il contient de plus un principe particulier que les chimistes appellent Gas (2) ou

(1) L'auteur de cette thèse ignorait sans doute qu'il n'y avait pas un siècle qu'on faisait du vin mousseux en Champagne.

(2) Les chimistes ont désigné sous les noms d'*air fixe*, *air fixé* ou de *gas* ou d'*esprit élastique*, un fluide imperceptible qui s'échappe le plus souvent avec violence des corps dont on détruit l'aggrégation par l'action du feu, par la fermentation ou par les effervescences. Il est probable que ce fluide n'est autre chose que l'air atmosphérique

air fixe, principe qui le caractérise essentiellement, principe reconnu aujourd'hui pour le plus puissant antiseptique (1) qu'il y ait dans la nature et pour un dissolvant efficace des pierres humaines, principe, qui doit communiquer à la liqueur qui le renferme les vertus dont il est lui-même en possession.

« Le jus délicieux des coteaux champenois réunit donc le double avantage de surpasser en agrément tous les autres vins, ce qu'on ne peut lui contester, et d'être le plus propre à maintenir les lois pleines de sagesse que l'auteur de la nature a établies dans l'économie animale pour la conservation de la santé et de la vie ; l'objet de cette thèse a été de répandre un nouveau jour sur des vérités aussi peu connues qu'elles sont importantes, etc., etc. »

Je ne veux pas reproduire ici toute cette thèse ; il suffit d'avertir qu'elle contient le développement de cette idée, que la perte de l'air fixe (2) est, à

---

réduit à ses particules élémentaires, sous une forme fixe, privé de son élasticité et uni par cet état de fixité aux différents principes volatils des corps dont il fait partie. Il se trouve tellement combiné avec la plupart des solides qu'il en cimente toutes les molécules et qu'on ne peut l'en séparer sans anéantir leur organisation. (Note de M. Navier).

(1) Antiseptiques, c'est-à-dire antiputrides. (Note de M. Navier).

(2) Voir à la fin de la thèse, note 1.

n'en pas douter, la cause la plus prochaine des maladies putrides.

« Arrêtez, » dit Navier, « l'air fixe dans sa fuite, vous écartez la putréfaction ; rétablissez celui qui s'est échappé et la putridité disparaît. »

L'auteur arrive ensuite à l'application de ce principe. Il fait la description, l'éloge de la mousse. Le vin mousseux n'est plus, comme le disait Bertin du Rocheret, une boisson détestable, le produit d'une invention diabolique ; le docteur Rémois partage et justifie le goût qui de notre temps s'est décidément prononcé pour la mousse.

« Parmi les substances innombrables, dit-il, qui contiennent cet air antiputride, il n'en est point à qui la nature l'ait plus prodigué qu'au vin de Champagne mousseux. Avec quelle vivacité cette divine liqueur s'élance en bulles pétillantes et quelle agréable sensation elle produit sur l'organe de l'odorat ! quelle délicieuse impression elle fait sur les fibres délicates du palais ! (1) ne cherchez plus la cause de tant d'effets si merveilleux, nous la trouvons dans le fluide élastique de la fermentation vineuse ; c'est l'air fixe, en effet, qui par son mouvement impétueux forme et élève cette mousse dont la blancheur, rivale de celle du lait, offre

(1) Il faut citer le texte latin : *Ut in auras latex ille divinus exultim scintillat ! Ut intimos membranæ nasi processus blanda voluptate illico demulcet ! Quam palatum jucunde titillat !* (p. 40).

bientôt aux regards étonnés l'éclat du cristal le plus transparent ; c'est ce même air qui a, par sa détente et l'effervescence qu'il produit, développé l'action de l'esprit vineux dont il est le véhicule, pour que les papilles nerveuses (1) en reçoivent plus promptement l'impression délicieuse à laquelle elles sont disposées. Quant au piquant léger que l'on y remarque, il ne faut pas le confondre avec l'action du vin. Il dépend, ainsi que celui qu'on remarque dans les eaux acidules, du principe aéré qui y est contenu ; de cette ressemblance résulte une analogie du vin mousseux avec les eaux acidules, qui prouve de plus en plus notre assertion ; car il n'est personne qui ne convienne aujourd'hui que l'air s'y trouve avec abondance. »

Il y a, bien entendu, dans cette thèse, réponse aux objections :

« En vain la calomnie répand de tous côtés que le pétillant de nos vins est pernicieux ; en vain elle prétend qu'ils n'ont qu'une chaleur nuisible et une saveur sans vertu : incapables de cacher sous des apparences insidieuses un venin perfide, ils seront toujours une image fidèle de l'ingénuité champenoise. »

L'argument n'est-il pas sans réplique ?

En citant cette thèse, je me suis déjà rapproché

---

(1) Les papilles nerveuses, c'est-à-dire les extrémités arrondies des nerfs, qui tapissent la base de la langue, du palais, etc. (Note de la thèse).

de notre époque. Il y avait à peu près un siècle que dom Perignon avait amené une sorte de révolution dans le commerce de la Champagne vineuse ; quelques années plus tard cette révolution s'était complétée par la découverte du secret d'obtenir la mousse dans le vin en bouteilles. Déjà, en 1777, le commerce avait grandi ; mais quels qu'aient été les progrès de la chimie que vantait alors le docteur Navier, si on en juge d'après nos goûts, le consommateur du vin de Champagne n'avait rien gagné aux progrès de cette science.

On a vu que dans sa thèse il assimile cette boisson aux eaux acidules ; dans un autre endroit, il revient sur cette comparaison en donnant la préférence au vin de Champagne mousseux qui remédie à la putréfaction des premières voies aussi bien que les acides. Il ajoute (1) (et cela pouvait offrir à quelques-uns de ses lecteurs un intérêt particulier), « qu'il remplace l'aiguillon des cantharides par l'aiguillon dont il est doué. » *Cantharidum, suo stimulo, munus explet.*

Cela pourrait nous donner une idée peu favorable du vin d'alors, ou prouver au moins que la préparation sucrée qu'on lui fait subir aujourd'hui n'était pas en usage.

Vingt ans ans plus tard, il y avait déjà du changement, si ce n'est de l'amélioration ; proba-

_____

(1) Page 61.

blement ce fut l'effet de tentatives successives. Le premier qui avait pensé à édulcorer le vin dut le faire en cachette, c'était son secret : un deuxième en avait fait autant, mais la science qui grandissait, n'avait rien voulu voir dans cette préparation, pour ainsi dire de ménage ; plus tard, elle intervint dans le mélange du sucre au vin nouveau ou moût ; elle découvrit que cette addition n'avait rien de contraire à la nature du vin ; que la fermentation que subit le moût, convertit en alcool les parties sucrées qui s'y trouvent ; que plus il renferme de ces dernières, plus le vin est vineux. Chaptal, dans son traité de l'*Art de faire du vin*, rendit publics les résultats de ses expériences à cet égard : on en profita, quelques-uns du moins, tout en se défendant d'avoir, en cette occasion, suivi les recommandations de l'illustre savant ; tel avait, par ce procédé, rendu son vin meilleur que celui de son voisin, qui soutenait que la Providence seule l'avait ainsi favorisé.

Pour nous éclairer sur cette nouvelle phase de l'histoire du vin de Champagne, il existe un document imprimé au mois de thermidor an IX (août 1801). C'est une lettre adressée par M. Perrier, ancien religieux de Prémontré, à M. Cadet-Devaux (1) ; en voici des extraits :

(1) Bibliothèque d'Epernay : Instruction destinée aux vignerons, rédigée par Cadet-Devaux. La lettre de M. Perrier est à la suite. L'instruction dont il s'agit est

« On a établi que le véhicule de la fermentation était plus abondant dans le raisin blanc que dans le noir ; ce principe est encore consacré par l'expérience constante des cantons où s'obtiennent les vins mousseux ; à Avize, par exemple, le vin est si effervescent que dans des années désastreuses, non encore loin de nos souvenirs, plus des dix-sept-vingtièmes des bouteilles ont cédé à l'effort du fluide impétueux. On reconnaît des qualités contraires aux vins d'Ay, qui ne s'obtiennent que des raisins noirs.

« Ces vins étaient traités séparément ; ce n'est que depuis quelque temps qu'on suit l'indication de la nature en les alliant, indication couronnée des plus heureux succès. Les nouvelles doctrines ont tellement fixé les idées sur ce point qu'on parviendra bientôt, sans doute, à soumettre aux lois d'une théorie rigoureuse l'examen, et la solution d'une question qui intéresse singulièrement la Champagne ; celle de savoir si tel vin moussera *peu*, *beaucoup* ou *point*. »

Dans la lettre de M. Perrier à M. Cadet-Devaux, je trouve encore les passages suivants :

adressée par le Ministre de l'Intérieur Chaptal aux préfets, avec recommandation de la faire connaître et de rendre compte des progrès de la vinification dans les départements (p. 43).

M. Nicolas Perrier était né à Epernay, le 17 février 1764, il y est mort le 23 mai 1806.

« Un des services les plus signalés, dit-elle, qu'ait rendu à nos cantons la nouvelle doctrine œnologique, c'est d'avoir développé la nature du sucre et d'avoir fixé la manière de l'employer.

« On ne voyait guère dans cette précieuse substance qu'un moyen de suppléer ou d'ajouter à l'agrément du vin ; on ne paraît pas avoir soupçonné que les sucs de la canne, qui ne diffèrent des sucs du raisin que par des proportions plus riches, pussent encore servir à corroborer les principes des seconds.

« Dans cette opinion fondée sur l'adage : *la mousse ronge le sucre*, on n'ajoutait le sucre au vin qu'après la fermentation première, celle qui fait passer la liqueur de l'état de moût à l'état de vin et toujours le plus tard possible.

« Ce qui favorisait encore cette pratique, c'était la coutume dans ces cantons, de ne goûter les vins que dans le mois de décembre ou janvier ; la routine régnait tyranniquement sur le commun des cultivateurs, et chez les autres, elle luttait encore contre ces principes, lorsque l'année dernière (1800) une expérience décisive vint les confirmer de la façon la plus évidente.

« Les demandes innombrables faites pendant les vendanges, avaient fait penser que la vente serait rapide : on se détermina donc à ajouter le sucre pendant la fermentation première, sans autre vue que de gagner de vitesse sur l'acquéreur qui

6

devait goûter les vins. Ces résultats allèrent au-
delà des espérances qu'on avait conçues : à Ay
surtout, les vins de la seconde classe, qu'on
appelle communément les vins de vignerons,
s'élevèrent, quoique la récolte fût assez abondante,
à un prix jusqu'alors ignoré dans les fastes de
notre agriculture. »

M. Cadet-Devaux fait ensuite cette observation qui confirme la distinction établie dans la lettre
de M. Perrier sur la différence des effets du sucre
ajouté au vin avant ou après la fermentation :

« Le vin mousseux, dit-il, contient peu d'esprit,
et beaucoup de gaz ; sa verdeur, son piquant ne
se corrigent pas par l'addition du sucre ; mais
comme cette addition se fait postérieurement à la
fermentation, le sucre n'ajoute point ou très-peu
à la spirituosité de ce vin, c'est du vin sucré. »

Je termine ici l'espèce de Mémoire que je me
suis proposé de présenter sur d'anciens documents
qui se rapportaient au vin de Champagne. Cet
essai, déjà bien long, laisse à désirer sur beaucoup
de points : mais il pourra donner lieu à des
recherches plus approfondies, et j'espère qu'un
autre, plus heureux que moi, saura compléter le
travail que j'ai commencé.

Epernay, novembre 1864.

LOUIS-PERRIER,
Avocat, ancien Magistrat.

APPENDICE

I

Page 5, ligne 8.

LES VINS DE CHAMPAGNE SONT DEPUIS LONGTEMPS CONNUS

La plus ancienne mention des vins de Champagne se trouve dans une curieuse lettre de Pardule, évêque de Laon, à l'archevêque Hincmar, pour le féliciter du retour de sa santé et lui donner des conseils pour la mieux conserver. Cette lettre est de l'année 853 ou 854 : « Evitez, » dit Pardule, « les excès du jeûne : renoncez à ces petits poissons dont vous aimez à vous nourrir : ne prenez pas de viandes trop fraîches, de celles en particulier des animaux qu'on vient de tuer, ou des poissons qu'on a tirés de l'eau le jour même. Il faut commencer par extraire les intestins des animaux, et enlever avec du sel les humeurs corrompues, si l'on veut qu'elles n'offrent aucun danger pour la santé. Surtout, mangez du lard et de la viande : c'est le moyen de tenir l'estomac en bonne disposition. Renoncez à toutes les crudités, entre autres à la pomme d'api que vous aimez tant, au moins jusqu'à ce que vous soyiez revenu en parfaite santé, et que vous puissiez reprendre la chétive et misérable alimentation monastique.

Enfin, avant de vous lever de table, vous devez faire usage de la fève, excellent digestif, quand elle est cuite modérément dans la graisse la plus pure, car, bien qu'au dire des philosophes, la fève obstrue l'entendement, elle chasse les flegmes et les dessèche ; elle active la digestion, elle fait glisser rapidement les aliments dans les nombreux détours qu'ils ont à parcourir dans nos entrailles, non sans qu'un certain bruit ne nous en avertisse. Il vous faut user d'un vin qui ne soit ni trop fort ni trop faible : préférer à celui que fournit le sommet de la montagne ou le fond des vallées, celui qu'on recueille sur les côtes, comme vers Epernay sur le mont Ebbon, vers Chaumuzy à Rouvroy, vers Reims à Merfy et à Chaumery. Les autres vins, ou trop forts ou trop débiles, ont l'inconvénient d'entretenir les humeurs... (1) »

(1) *A nimio scilicet jejunio et a pisciculis minutis quibus vesci soletis oportet penitus abstinere. Ab omnibus quoque recentioribus cibis, ab his scilicet qui eadem die, quando comedi debent, ab aquis levantur. Aut si de volatilibus aut quadrupedibus cibus efficitur, eadem quando occiduntur die minime sumantur, Quos oportet primum exenterare et deligenti cura sale humores exsiccare, et sic postea quemque qui sanitatem habere cupit, salubriter sumere. Sed neque a lardo sive quadrupedibus abstinere, quoniam sine his stomachum difficile quilibet poterit reparare. Abstineatur praeterea ab omnibus quae cruda comedi possunt, et ab ipso appio quo saepe uti soletis, donec vobis a Domino reddita sanitas plurimum confirmetur et sic ad siccos et miseros tardiores-*

Un trouvère du treizième siècle, Henry d'Andely, cite dans le fabliau de la *Bataille des Vins*, parmi les meilleurs que le roi Philippe se fit présenter :

> Vin de Soissons, vin d'Auviler,
> Vin d'Espernai, le bacheler,
> Vin de Sézanne et de Semois.

Et plus loin, en réponse aux prétentions d'Argenteuil, près Paris :

> Espernai dist et Auviler:
> Argenteuil, trop veus aviler
> Trestos les vins de cesto table.
> Par Dieu, trop t'es fait conestable ;
> Nous passons Chaalons et Reims,
> Nous ostons la goutte des reins,
> Nous estaignons totes les fois...

Henri d'Andely semble ici vouloir prévenir le reproche gratuit que les Bourguignons, adressèrent plus tard aux vins de Champagne, de disposer à la goutte ceux qui en faisaient un trop fréquent usage.

---

que monasticos cibos redeatur. In ultimo, antequam surgatur a mensa, faba purgatissima cum purissimo pingui ad mensuram decocta sumatur, quæ licet secundum philosophos sensum obtundere dicatur, tamen phlegmata et deponere et exsiccare credita et reliquum cibum quasi dormientem excitat, et iter ei quasi nescienti quæ ab anfractibus et circumvolutionibus exterum egredi debeat, non sine sonitu docet... Vinum quoque non validissimum neque debile, sed mediocre sumendum est : hoc est non de summitate montis neque de profunditate vallium, sed quod in lateribus montium nascitur,

II

Page 38, ligne 31, VERTUS.

Le vin rouge de Vertus était déjà célèbre au quatorzième siècle, et Eustache Deschamps nous apprend que les joyeux compagnons de cette petite ville avaient alors formé une société sous le nom des *Bons Enfants* que MM. d'Epernay adoptèrent plus tard. Une des plus agréables pièces de Deschamps est intitulée : *La charte des Bons enfants de Vertus.* Nous en reproduirons quelques vers : « Le vin, dit-il,

> Si vous alez au benefice,
> Mieulx vous vauldra que ung cristere.
> Et n'i fault pas si grant mistere
> A recevoir tel medecine ;
> Quant vient de si noble racine
> Come du droit plan de Béaune,
> Qui ne porte pas couleur jaune,
> Mais vermeille, franche, plaisant,
> Qui fait tout autre odour taisant,

---

sicut in Sparnaco in monte Ebbonis (p. ê. Monthelon) (*) *et in Calmiciaco ad Rubridum, et in Remis de Milfiaco atque Colmeriaco. Cœtera autem aut nimis fortia aut valde debilia et humores nutrientia esse debentur.*

(*) Je préférerais attribuer le nom *Mons Ebbonis* à une contrée de vignes située terroir de Mardeuil (avant 1790 — d'Epernay — *In Sparnaco*) et qui se nomme *Montebon* ; elle est tournée vers le Levant et les vignerons disent y faire du bon vin ; elle est située sur la côte au-dessus de Ramponneau. (Note de l'auteur).

> Quand elle est aportée en place,
> Tant a de valeur et de grâce,
> Et tant est par tout renommée
> Que de chascun doit estre aimée.
> Puisqu'elle est de si noble afaire,
> Je tien qu'elle ne peut mal faire.

Ainsi l'on tenait au quatorzième siècle que le plan de raisin de Vertus avait été tiré de Beaune. En effet, le vin de Vertus offre encore aujourd'hui une qualité assez analogue à celle des vins de Bourgogne.

Il est probable qu'Ay ne fournissait aucun chevalier de l'Arquebuse, puisqu'on ne le voit pas cité dans les Relations de ces joyeuses réunions. D'ailleurs, la réputation des vins d'Ay était depuis longtemps faite. Je les vois cités, non pour la première fois, dans l'*Eglogue sur le retour de Bacchus*, imprimée sans date, au quinzième siècle, et réimprimée par les soins de M. Anatole de Montaiglon dans la collection Elzevirienne de P. Jannet. (*Recueil des poésies françaises des XVe et XVIe siècles*). Là, Bacchus commence par visiter Beaune, La Rochelle, Grave et Bordeaux,

> Enfin, il vint au païs Senonois,
> Anjou, Aï, Auxerrois, Iranci,
> Noisi, Montreuil, Meudon en Meudonnois,
> Suresnes, Sevres, Auteuil, Saint-Cloud, Issy,
> Bref, il n'i eut (lieu) en ce monde icy,
> Où les bons vins se recueillent espais,
> Qu'il n'abordast. . . . .

Cette nomenclature nous montre le vin d'Ay en assez mauvaise compagnie; mais les attestations plus favorables, ne lui font pas défaut.

Il est certain que le glorieux chef de la glorieuse branche royale des Bourbons, Henri IV aimait à s'intituler Seigneur d'Ay, soit parce qu'il en était réellement seigneur du chef de la maison d'Albret, ce que semblerait justifier le grand nombre des protestants alors établis dans la ville ; soit parce qu'il regardait Ay comme le meilleur vignoble de France. On raconte qu'un ambassadeur d'Espagne ayant commencé une harangue par la longue et pompeuse énumération des titres de Sa Majesté catholique, Henry lui répondit : « Vous direz au roi d'Espagne, d'Arragon, de Castille, de Léon, des Indes, etc., etc., que Henry, roi de Gonesse et d'Ay, etc. » On a supposé qu'il voulait par là faire entendre que la France faisait le meilleur pain et le meilleur vin du monde : les exemples n'auraient pas été mal choisis ; mais il est ailleurs certain que Henri IV aimait à répéter qu'il était seigneur d'Ay. (1).

Ajoutons à la lettre de Saint-Evremont ce qu'on trouve dans un livre curieux dont le privilège avait été donné l'année précédente, 1673, et dont

---

(1) Ay n'a jamais appartenu qu'au Roi : le grand nombre de protestants qui s'y trouvait jadis est attribué à la négligence du Curé qui tenait peut-être un peu de la *vache à Colas*. (Note de l'auteur).

nous devons la communication à notre cher
président, M. le baron Jérome Pichon (1) :

« Pour les délicats et les rafinés, on s'attache
aux vins de Chably, de Tonnerre et de Coulange :
quand le pays Beaulnois donne, on prend du
Volney, qui est le plus exquis du canton et l'un
des plus renommés vignobles de France ; mais
souvent de dix années on n'en voit pas une
raisonnable, quoique la quantité y soit.

« Si la Champagne réussit, c'est là que les fins
et les friands courent avec empressement: il n'est
point au monde une boisson et plus noble et plus
délicieuse, et c'est maintenant le vin si fort à la
mode qu'à l'exception de ceux que l'on tire de
cette fertile et agréable contrée que nous appelons
généralement parlant, de Rheims, et en particulier
de Saint-Thierry, de Versenay, d'Ay et d'autres
lieux de la montagne, tous les autres ne passent
presque, chez les curieux, que pour des vinasses
et des rebuts, dont on ne veut pas même entendre
parler. Aussi est-il constant qu'il a une sève admirable, que son goût charme et que ce montant
dont il embaume l'odorat est capable de résusciter
un mort. L'un et l'autre (le bourgogne et le champagne) sont bons, quand les années sont bonnes,
et principalement le Champenois quand il n'a
point ce grand vert dont quelques débauchés font

(1) Page 29.

tant d'estime ; quand il s'esclaircit promptement,
qu'il ne travaille qu'autant que la force de son vin
le permet naturellement ; car il ne faut pas tant se
fier à cette manière de vin qui est toujours en
furie et qui bouillonne sans cesse dans son vais-
seau. Pasques passé, c'en est fait ; si plus, il s'en
faut donner de garde ; souvent après tant d'orages
et d'émotions réitérées, il se résout à quoi ? à rien,
et ne retient de tout son feu qu'un vert cru fort
déplaisant et fort indigeste, qui incommode la
poitrine d'une estrange façon. Si j'avois à parler à
des gens de la profession, je m'étendrois plus
amplement sur ce fait, et je découvrirois peut-être
le pot aux roses ; mais espargnons le mistère...

« Voilà donc la boisson que j'ordonnerois
volontiers aux illustres friands, et je les
solliciterois de tout mon cœur de faire en sorte
qu'ils en eussent au moins six mois après
l'échéance de l'année, et toujours des plus gris,
comme estant les plus coulans et les moins
chargeant l'estomac. Car quelque bon que soit
le vin rouge comme plus matériel à cause qu'il
a cuvé plus longtemps, il n'est jamais si délicieux
et ne digère pas si promptement que les autres.
Il faut donc conclure qu'il est nécessaire pour la
santé de boire du vin viel tout le plus longtemps
que faire se peut, pour ne point se voir obligé
d'aller si promptement aux nouveaux qui sont de
véritables casse-testes, et qui par leur violence

sont capables de déranger les plus fortes consti-tutions. Surtout, buvez votre vin au sortir de la cave, et ne le gastés point par ces artificieuses momeries qui font toute la joie de nos débauchés. Il suffit que l'eau soit naturellement fraîche sans recourir à la glace, qui est la plus pernicieuse de toutes les inventions : outre qu'elle est la capitale ennemie des liqueurs et principalement du vin. Il faut assurément demeurer d'accord qu'elle l'affoi-blit au moins de moitié, et sans s'attacher aux sentiments de quelques incommodes voluptueux qui soustiennent que le vin de Rheims n'est jamais plus délicieux que quand on le boit à la glace et qui veulent que cette admirable boisson puise dans une si mortelle nouveauté des charmes tout particuliers, pour moi je ne vois rien de plus éloigné du bon sens et de plus contraire à la vérité que cette folle proposition ; car il est constant que la glace fait non-seulement évaporer tous les esprits, qu'elle en diminue le goust, la sève et la couleur, mais encore il est vrai de dire que son usage est pernicieux, mortifère, et cause d'étranges acci-dents au corps humain : elle y fait naistre des coliques, des tremblements, des convulsions hor-ribles et des faiblesses si soudaines que bien souvent la mort a couronné les plus magnifiques débauches, et fait d'un lieu de triomphe et de joie des sépulcres vivans...

« Je vous fais le portrait de cette grande, mais

trop ordinaire catastrophe, pour imprimer en vostre esprit une très-sensible aversion de cette abominable et mortelle galanterie qui passe aujourd'hui non-seulement en coutume, mais encore qui s'érige presque en loi et qui veut devenir une mode nécessaire, toute inutile qu'elle est, pour surprendre les sens avec artifice et empoisonner agréablement. »

(*L'Art de bien traiter... ouvrage nouveau, curieux et fort galant, exactement recherché et mis en lumière, par L. S. R.*, Paris, Frédéric Léonard, 1674, in-12).

Une partie des citations des plus anciens auteurs semble bien déjà se rapporter à un vin assez analogue à ce que nous appelons le vin de Champagne ; blanc, gris, fumant, emporté, dont il faut ménager, tempérer et régler la sève. Dans le fabliau déjà cité plus haut de la *Bataille des Vins*, ne serait-ce pas aussi notre vin facilement mousseux qu'on pourrait reconnaître dans celui de Chalons accolé par le poëte au mauvais vin de Beauvais :

Et dans Petars de Chaalons,
Qui le ventre enfle et les talons ?

L'invention de dom Perignon pourrait donc bien se borner au secret de tirer le vin blanc, à une époque favorable à la conservation et au développement de la mousse, qu'avant lui on ne savait pas aussi bien conserver et concilier avec la limpidité et la blancheur du vin. J'ai de la peine encore à ne pas reconnaître un vin pour le moins crèmant dans celui dont se faisait constamment accompagner un des amis de Saint-Evremont, le marquis de Miremont, auquel il écrivait :

On a fini la campagne
Et de Flandre et d'Allemagne,
Tout est en paix, mais hélas !
Mon héros ne revient pas.
Il faisoit toute ma joie,
De ce bon thé qu'il m'envoie
Sans luy je fais peu de cas,
Pourquoi ne revient-il pas !
Et quand le vin de Champagne
En tous lieux qui l'accompagne,
Au thé joindrait ses appas,
Ma douloureuse tendresse,
Me feroit dire sans cesse :
Pourquoy ne revient-il pas ?

« Les vins de Champagne, dit ailleurs Saint-Evremont (Œuvres, édition de 1606, tome V, p. 148), sont les meilleurs. Ne poussez pas trop loin ceux d'Ay (1) ; ne commencez pas trop tost ceux de Rheims (2). Le froid conserve les esprits des vins de rivière. Les chaleurs emportent le goût de terroir des vins de montagne. »

Ailleurs encore, faisant parler Mᵐᵉ Mazarin, qui lui rappelle ses défauts :

_____

(1) C'est-à-dire ne les buvez pas trop vieux.

(2) « Ceux de la montagne de Reims, Avenay, Verzenay, Saint-Thierry, etc. » (T. IV, p. 75, note).

Moi, j'ai besoin de votre absence
Pour vivre sans affliction.
A dîner pour un goût de France,
La poularde aux œufs rejeter ;
Brauwn et venaison détester,
Vins de Portugal, de Florence,
Pour nous parler toujours des vins
D'Ay, d'Avenet et de Reims ;
Croire que tout vous est permis,
C'est trop, c'est trop de confiance.

(Dialogue, l. VI, p. 217).

Ailleurs encore, il se réjouit à l'annonce d'un arrivage des vins qu'il appréciait si bien :

Perdre le goût de l'huître et du vin de Champagne
Pour revoir la lueur d'un débile soleil
Et l'humide beauté d'une verte campagne,
N'est pas à mon avis un bonheur sans pareil.
La faveur de la Marne, hélas, est terminée,
        Et notre montagne de Reims
        Qui fournit tant d'excellens vins,
A peu favorisé nostre goût cette année.
        O triste et pitoyable sort !
Faut-il avoir recours aux rives de la Loire,
        Ou pour le mieux au fameux port,
        Dont Chapelle nous fait l'histoire !
        Faut-il se contenter de boire
        Comme tous les peuples du Nord ?
        Non, non, quelle heureuse nouvelle !
Monsieur de Bonrepaus arrive, il est icy,
Le *Champagne* pour luy tousjours se renouvelle,
Fuyez, Loire, Bordeaux ! fuyez, Cahors, aussy !

(*Sur la verdure qu'on met aux cheminées
en Angleterre*, tome IV, p. 283).

Guy-Patin, dans une de ses lettres, voulant exprimer le cas qu'il faisait du vin d'Ay: « C'est, dit-il, celui que Dominicus Baudoin appeloit chez M. de Thou, *vinum dei.* » Sans doute par une sorte de jeu de mots entre *Dei* et *d'Ay.* Et, dès 1588, Paumier, médecin normand, auteur d'un *Traité des vins,* écrivait : « Les rois et les princes en faisoient leur breuvage ordinaire. »

Il faut savoir gré à l'abbé de Marolles, ce traducteur et commentateur également inépuisable, d'avoir profité d'un passage de Martial pour nous donner la liste des vins dont Martial n'avait pas parlé, et qu'il estimait les meilleurs de France. On y trouve dans le rang le plus honorable Aï, Avenay, Épernay; puis Chabli, Tonnerre, deux vignobles que la Bourgogne, déjà riche de son fonds, s'est appropriés. On n'emprunte nécessairement qu'aux riches.

Quant au fameux Ordre des Coteaux dont les plus fins connaisseurs du dix-septième siècle se déclaraient *profès*, on sait qu'ils étaient situés dans le territoire de Reims : c'était Aï, Hautvillers, Avenay, Verzenay, Sillery. Les uns n'en comptaient que trois: Aï, Hautvillers, Verzenay: le Père Bouhours disait des fondateurs de l'ordre, Saint-Evremont, le comte d'Olonne et le comte de Laval-Bois-Dauphin : « Ces Messieurs ne sauroient manger que du veau de rivière : il faut que leurs lapins soient de la Rocheguyon ou de

Versines; ils ne sont pas moins difficiles sur le
fruit; et pour le vin ils n'en sauroient boire que
des trois coteaux d'Ay, d'Hautvillers, d'Avenay.»
Les autres ajoutent aux cinq noms, ceux de Taissy
et Saint-Thierry.

III

Page 84, ligne 13.

ON SUIT L'INDICATION DE LA NATURE
EN ALLIANT LES VINS

Nous prendrons la liberté de contester cette
assertion. Le mélange des vins n'a que faire avec
la nature. L'usage général non-seulement des
Champenois, mais aussi des Bordelais, est aujour-
d'hui, nous le savons, de fondre ensemble les
raisins de plusieurs localités, pour leur donner
une sorte d'égalité, et pour en rendre la manutention plus facile. C'est au moins le moyen de
gratifier le vin d'une parfaite uniformité. Le
commerce y trouve son avantage : les marchands
préviennent ainsi les réclamations qui naissaient
du moindre changement dans la nature des vins
qu'ils fournissaient : et ils arrivent à faire boire le
même vin à tout le monde, pendant dix ou vingt
années de suite. Mais ne voit-on pas tout ce qu'il
y a de regrettable dans cette habitude de réduire
à la même saveur, tant de saveurs fines, délicates

et variées ? N'est-ce pas enlever à chacun de nos meilleurs vins son véritable cachet? Après un mélange aussi peu *nature* (j'en demande pardon à MM. Perrier et Louis) (1), comment retrouver le *bouquet* et les qualités distinctives de chaque terrain, si hautement appréciées de nos pères? Hélas! la centralisation s'est accomplie dans la manutention des vins, comme dans la politique et dans l'administration de notre pays. C'est la manie de notre temps : on croirait manquer au respect des principes de 89, en s'avisant de réclamer la division des éléments de la force publique ; mais demandons au moins, faute de mieux, à conserver l'isolement des produits de chacun de nos excellents vignobles. Par cette fusion générale des raisins de dix paroisses dans la même cuve, nous perdons le goût de pêche du

---

(1) Est-ce parce que je suis de la famille (ma femme était la petite-nièce de l'abbé Perrier) que je suis de son avis? Sans sortir d'un même terroir, on doit marier différentes contrées : c'est ce que faisait dom Perignon avec les vignes de son abbaye, c'est ce que font tous les propriétaires.

Puis, quand on s'en est bien trouvé, on marie entre eux les *terroirs de Champagne* et l'on a du *vin de Champagne*.

Cela est nécessaire pour ceux qui veulent obtenir la mousse ; je n'ai, moi, que des vins d'Ay (ou terroirs voisins sur la rive droite de la Marne), et j'ai ordinairement peu de mousse. (Note de l'auteur).

7

vin d'Ay, le goût de fraise du vin d'Avenay, le goût de noisette d'Hautvillers, le goût de pierre à fusil de Pierry, Tous ces *bouquets* si fins et si délicats s'évanouissent au profit d'une saveur agréable sans doute; mais tellement uniforme, qu'on la croirait, n'était son agrément, de pacotille. Car enfin, quoique messieurs les bouchons disent, nous n'avons plus de vin d'Ay, de Bouzy, de Verzenay ou de Sillery; nous avons du vin de Champagne parfaitement travaillé, sucré, bouchonné, ficelé, surtout quand les noms de Clicquot, Rœderer, Moët ou Ruinart les recommandent; mais ce vin de Champagne, dont les profanes se contentent, est le désespoir des véritables gourmets, et l'on ne peut douter que la très-prochaine conséquence de ce pêle-mêle des différents crus, n'amène la diminution de la valeur des premiers vignobles, au profit des moins recommandables.

(Note des Bibliophiles).

Voici maintenant la correspondance de Bertin du Rocheret avec Voltaire, dont il est parlé dans la note de la page 30. Il est vrai qu'elle n'a pas trait à l'histoire du vin de Champagne; mais la lettre de Voltaire est inédite, et les observations judicieuses que soumet à l'historien de Charles XII notre marchand de vin de Champagne, méritaient assurément d'être publiées. C'est encore à M. Louis que nous devons la transcription de ces lettres, aujourd'hui propriété de la bibliothèque de Châlons-sur-Marne :

I

LE PRÉSIDENT DU ROCHERET,
A MONSIEUR ARROUET DE VOLTAIRE

14 mars 1732

Je viens, Monsieur, de saisir avec le dernier empressement, votre histoire de Charles XII qui m'est tombée entre les mains; mais je ne l'ai pas dévorée avec tant d'avidité qu'il ne me soit resté assez de liberté pour en admirer le tout et les parties.

Je suis enchanté de l'élégance et de la précision du style autant que du choix des événements.

Votre plume ne s'est pas démentie ; on vous y reconnoît d'un bout à l'autre ; cela suffit pour l'éloge de ce morceau d'histoire.

Mon amour-propre s'est trouvé flatté de la haute estime que j'avois conçue pour vous dès le temps que je faisois à Paris la profession d'avocat. Et depuis plus de quinze ans que des dispositions de famille m'ont relégué dans ma province, je n'en ai rien diminué, non plus que d'une certaine franchise que vous n'improuviez pas alors, quoiqu'elle vous parût quelquefois accompagnée d'un peu trop de sévérité. Si vous avez conservé pour moi les sentiments que j'ai toujours eus pour vous, je me persuade que vous recevrez dans le même esprit quelques remarques que j'ai faites en parcourant votre livre.

Page 24. — Vous faites partir le czar Pierre-le-Grand la seconde année de son règne en 1678 (1) pour aller travailler dans les chantiers de l'amirauté d'Amsterdam... Permettez-moi, Monsieur, de vous dire que vos mémoires vous ont déçu sur la seconde année du règne de ce prince. C'est bien la seconde effectivement, si vous comptez du jour qu'il fut associé au trône du czar Jean son frère aîné après la mort d'Alexis leur père commun ; mais comment auroit-il pû entreprendre un si long voyage et un travail si pénible à l'âge de six ans

_____

(1) Voltaire a profité de cet avis. Les dernières éditions portent l'année 1698.

puisqu'il n'est né qu'en 1672. Il faut donc le remettre à vingt ans plus bas. C'est-à-dire en 1698 qu'il étoit seul monarque de Moscovie, par la mort de son frère arrivée en 1696. Ce sera réellement la seconde année de son véritable règne; et la vérité de cette singulière époque se trouvera fixée, dans votre histoire comme elle l'est par les mémoires du temps qui nous l'ont fait connoître, en 1698, sous le nom de Pierre Bar ou de Pierre Michaeloff à Sardam (1).

Page 123. — Je lis avec quelque surprise la lettre que vous faites écrire de Leipsick par le roi Auguste au roi Stanislas, qui prévient celle de ce prince et le félicite sur son avénement à la couronne de Pologne. Que la lettre soit écrite de Leipsick selon vous, ou de Dresde (2) selon moi, il importe peu, il suffit que la lettre ait été écrite, et que la date en soit du 8 avril 1707 : mais il importe extrêmement de constater l'authenticité de la vôtre ou de celle dont voici la copie. La vôtre est mieux

(1) J'ai eu l'honneur d'être l'échanson de ce héros du Nord à son passage à Reims, le 22 du mois de juin, chez M. le cardinal de Mailly en 1717.

(2) Voltaire a depuis substitué la date de Dresde à celle de Leipsick; et il a d'ailleurs adopté presque littéralement le texte que lui adressait Bertin du Rocheret; sauf le préambule qui prouvait l'inexactitude des observations dont Voltaire avait fait précéder la transcription de cette lettre du roi Auguste : car le roi Stanislas avait réellemeut pris l'initiative de la correspondance.

écrite, j'en conviens; mais celle-ci est plus dans la vérité de l'histoire; ayez agréable de les confronter.

LETTRE ÉCRITE PAR LE ROI AUGUSTE AU ROI STANISLAS

Monsieur et frère,

La raison pourquoi nous n'avons pas répondu plutôt à la lettre que nous avons eu l'honneur de recevoir de V. M., c'est que nous avons jugé qu'il n'étoit plus nécessaire d'entrer dans un commerce particulier de lettres. Cependant pour faire plaisir à S. M. Suédoise, et afin qu'on ne nous impute pas que nous faisons difficulté de satisfaire à son désir, nous vous félicitons par celle-ci de votre avénement à la couronne, et nous souhaitons que vous trouviez dans votre patrie des sujets plus fidèles et plus obéissants que ceux que nous y avons laissés.

Tout le monde nous fera la justice de croire, que pour tous nos bienfaits et pour tous nos soins, nous n'avons été payés que d'ingratitude, et que la plus grande partie d'eux ne s'est appliquée qu'à former des partis pour avancer notre ruine. Nous souhaitons que vous ne soyez pas exposé à de pareils malheurs, vous remettant à la protection de Dieu.

Monsieur et frère,

Votre frère et voisin,

AUGUSTE ROY.

Donné à Dresde, le 8 avril 1707.

Texte de la même lettre, insérée par M. Arrouet de Voltaire dans les premières éditions de l'*Histoire de Charles XII* :

Monsieur et frère,

Comme je dois avoir égard pour les prières du roi de Suède, je ne puis m'empêcher de féliciter V. M. sur son avénement à la couronne, quoique peut-être le traité avantageux que le Roi de Suède vient de conclure pour V. M. m'eût dû dispenser de ce commerce ; toutefois je félicite V. M., priant Dieu que vos sujets vous soient plus fidèles qu'ils ne me l'ont été.

AUGUSTE ROY.

A Leipsick, le 8 avril 1707.

Vous voyez, Monsieur, par les premières lignes de cette lettre que le roi Stanislas avoit prévenu le roi Auguste qui n'avoit tenu compte de lui faire réponse ; à quoi véritablement il fut forcé par le roi de Suède. Ce fait est intéressant, et il l'est encore devenu pour nous davantage, depuis l'alliance que nous avons faite avec le roi Stanislas. Vous ne pouvez ignorer que lors du mariage de la princesse sa fille avec le roi notre maître, M. Hoyms, ambassadeur de Saxe, proposa à la reine de France un projet d'accommodement entre les deux rois de Pologne, dont le fondement étoit de lui remettre en main l'original de

cette fameuse lettre. Il y avoit déjà longtemps que
j'en avois une copie que je négligeois ; mais la
résistance que la petite cour de Chambord apporta
à souscrire à ce premier article du traité proposé,
me la rendit d'autant plus précieuse que chacun
s'empressoit de la lire, pour juger de quelle conséquence elle pouvoit être dans l'occurence
d'alors. Vous êtes à portée, Monsieur, de faire
juger ce différent; mais outre les raisons naturelles,
et des plus vraisemblables, qui militent en ma
faveur, j'ai encore pour moi plusieurs seigneurs de
mes amis qui étoient assez initiez dans le ministère
de la cour de Weissembourg, pour donner à ma
copie une autorité qu'ils lui ont reconnue.

Page 200. — Le sultan Achmet II étoit oncle
d'Achmet III et non son père. Celui-ci étoit frère
de Mustapha auquel il succéda en 1703, et tous
deux étoient fils de Mahomet IV, frère aîné
d'Achmet II; cela est certain (1).

Page 225. — Il paroît bien de la mauvaise
humeur dans ceux qui vous ont fourni la généalogie
de la czarine Catherine. On affecte d'ignorer son
premier nom et celui de son père. On déguise la
qualité de son premier mari pour la faire naître le
fruit des prostitutions de la malheureuse Erb-
Magden, et la jeter entre les bras d'un dragon
Suédois.

(1) Voltaire a fait encore son profit de cette note dans
les éditions postérieures.

Encore ceux qui ont en admiration la mémoire de cette héroïne doivent-ils être redevables à ces chroniqueurs de ce qu'ils lui font l'honneur de la faire passer par le mariage.

Je ne leur opposerai point M. de Rabutin, son témoignage et peut-être encore celui de M. son oncle, seigneur de mon voisinage, de qui j'ai eu l'avantage d'être connu, pourroit leur être suspect (1), mais rapportons-nous-en à M. de Villelongue (2), attaché qu'il étoit au roi de Suède, il n'avoit aucune raison d'illustrer la femme de l'ennemi de son maître. Au contraire même, je vous assure qu'il ne la flattoit pas dans les portraits que je lui en ai entendu faire. Il vit encore à Vienne avec la princesse Ernestine de Hesse, son épouse. Je suis ami particulier de toute sa maison, et j'ose assez m'en prévaloir pour pouvoir lui demander là-dessus tous les éclaircissements que vous jugerez nécessaires.

M. Albenduel, gentilhomme Suédois, père de la czarine, étoit un homme connu. On le dit officier,

---

(1) Amédée, comte de Rabutin, ambassadeur de l'empereur Charles VI à Pétersbourg, mourut en 1727, des excès qu'il avait faits, dit-on, avec cette princesse. Joseph-Charles de Rabutin, son oncle, aimait mon frère qu'il envoya avec recommandation en Allemagne.

(2) Robert, comte de Villelongue et de la Cerda, né en 1683, fils d'Antoine, seigneur de Vendières-sur-Marne, et de Marie Diawitz, sa maîtresse, qu'il épousa.

quelques-uns ne lui donnent que la qualité de tambour-major; qu'importe, il est donc connu. Voilà le père de Marthe Mathuoveissana, confirmée ou rebatisée sous le nom de Catherine Alexiewna. Mais la malice de ses ennemis ne lui donne pour mari qu'un simple dragon, tandis que M. Thiensenhausen qui l'a épousée ou au moins fiancée étoit encore en 1713, lieutenant colonel de dragons au service du roi de Suède (1).

Quel peut être le fruit de cette affectation et le mauvais plaisir des chroniqueurs, dans un fait sur lequel un million de personnes sont en état de leur donner le démenti ? et pourquoi ne pas suivre les mémoires de Pierre-le-Grand par le B. Iwan Nestsurannoï ? ce moscovite peut-il être suspect ? C'est de lui que j'ai emprunté ce que j'ai écrit de cette princesse dans un projet de l'histoire du roi Stanislas, que j'avois commencé pour feue Mme la duchesse d'Orléans, et que j'ai abandonné à sa mort faute de mémoires suffisants et parce que je n'étois plus guidé par cette étoile polaire.

Je suis avec la plus haute estime, etc.

---

(1) C'est ainsi que la médisance insinuait que Mme de Maintenon était fille d'un geôlier.

II

RÉPONSE

ET ENVOI DE M. ARROUET DE VOLTAIRE, DEMEURANT CHEZ MADAME LA MARQUISE DE FONTAINE MARTEL, RUE DES BONS-ENFANTS, SUR LE JARDIN DU PALAIS-ROYAL, A PARIS

A M. BERTIN DU ROCHERET,

Président et grand voyer d'Épernay.

A Paris, le 14 avril 1732.

Je n'ai reçu que fort tard, Monsieur, la lettre dont vous m'avez honoré. Je suis très-sensible à la bonté obligeante que vous avez de me communiquer vos lumières sur l'*Histoire de Charles XII*. Je ne manquerai pas dans la première édition de profiter de vos remarques. En attendant j'ai l'honneur de vous envoyer par le carosse un exemplaire d'une édition nouvelle, dans laquelle vous ne laisserez pas de trouver quelques erreurs corrigées. Vous y verrez encore beaucoup de fautes d'impression, mais je ne réponds pas de celles-là, et je ne songe qu'aux miennes. L'ouvrage a été imprimé en France (1) avec tant de précipitation et de secret qu'on n'a pas pu avoir de correcteur d'imprimerie. Au reste, Monsieur, puisque vous vous êtes occupé aussi à écrire l'histoire, vous n'ignorez pas l'embarras où l'on est bien souvent de choisir entre des relations absolument contraires.

---

(1) Mais il l'a mis à Basle, chez Christophe Revis, 1732, seconde édition.

Trois officiers généraux qui étoient à Pultava, m'ont fait trois récits différents de cette bataille. M. de Fierville et M. de Villelongue se sont contredits formellement sur les intrigues de la Porte ; ma plus grande peine n'a pas été de trouver des mémoires, mais de démesler les bons. Il y a encore un autre inconvénient inséparable de toute histoire contemporaine. Vous sentez bien qu'il n'y a point de capitaine d'infanterie qui pour peu qu'il ait servi dans les armées de Charles XII et qu'il ait perdu sa valize dans une marche, ne croye que j'ai dû parler de lui. Si les subalternes se plaignent de mon silence, les généraux et les ministres accusent ma sincérité.

Quiconque écrit l'histoire de son temps doit s'attendre qu'on lui reprochera tout ce qu'il a dit, et tout ce qu'il n'a pas dit : mais ces petits dégoûts ne doivent point décourager un homme qui aime la vérité et la liberté, qui n'attend rien, ne craint rien, et ne demande rien, et qui borne son ambition à cultiver les lettres. Je suis très-flatté, Monsieur, que ce genre de vie que j'ai embrassé m'ait attiré de vous une lettre si polie et si instructive ; je vous en remercie véritablement, et je vous prie de me continuer l'honneur de vos bonnes grâces.

Je suis parfaitement, etc.

VOLTAIRE.

III

RÉPONSE ET REMERCIEMENTS A M. ARROUET
DE VOLTAIRE

D'Epernay, le 27 avril 1732.

J'ai reçu, Monsieur, et relu avec un extrême plaisir la seconde édition de votre élégante *Histoire de Charles XII*. Je vous en suis obligé et vous en remercie avec toute la sensibilité que mérite un présent si distingué. Peut-être aurai-je occasion dans peu de le faire plus particulièrement, puisqu'outre celle d'aller tous les ans à Paris pour me rassurer contre les dégoûts de la province, je me trouve dans l'obligation de m'y aller faire recevoir en la charge de lieutenant criminel qu'un de mes parents veut que j'ajoute aux miennes. Ce concours d'affaires fort éloigné de celle que nous traitons m'empêche de m'étendre sur les solides réflexions que vous m'inspirez.

Je m'y rends d'autant plus volontiers que je les avois déjà faites en partie. Aussi n'insisterai-je sur la honteuse origine que vous donnez à la czarine Catherine que par manière de controverse sur les différentes impressions que celles de MM. de Rabutin, de Villelongue, et d'un frère (1)

---

(1) Adam-François Bertin du Clos-Saint-Pierre, mon frère aîné, connu sous le nom du chevalier de la Mothe du Clos-Saint-Pierre, était lieutenant en France dans le régiment de Mortemar, au siège de Douai en 1710; puis

que j'avois en Hongrie avoient déjà fait naître
dans mes idées. Je m'en rapporte à votre discer-
nement et je conviens que les inclinations de cette
étonnante princesse ne répondoient pas à une
meilleure naissance. Cependant celle que je lui
donne n'est pas assez élevée pour affaiblir de beaucoup, ni pour offusquer le coup d'œil que présente
au lecteur l'étrange disproportion qui se trouve
entre son berceau et son tombeau : *tu ipse vi deris.*
Ce frère dont je vous parle, aide de camp du
comte de Bonneval (1), fut blessé à Belgrade
de cinq blessures dont il est mort quelques années
après. Il les avoit reçues en relevant de dessous
son cheval tué ce général avec lequel il a toujours
été dans une espèce de correspondance. Et c'est
sur ses mémoires (si d'ailleurs le fait n'étoit certain)
que je vous assurerois que le sultan Achmet III,
est sûrement fils aîné de Mahomet IV, et
non Achmet II, dont il n'étoit que le neveu.

étant passé pour une affaire d'honneur au service de
l'Empereur, il fut remplacé dans le régiment d'Arem-
bourg. Servit à Temeswar en 1716, Belgrade, 1717, où il
donna des preuves d'une valeur et d'une intrépidité peu
ordinaires.

(1) Alexandre-Claude, comte de Bonneval, sortit de
France, devint général de la cavalerie de l'Empereur,
revint pendant la régence, épousa en 1717, Judith de
Gontault, fille d'Armand Charles, duc de Biron, s'est
retiré en Turquie 1727, et s'est fait Mahométan sous le
nom d'Achmet Bacha, en 1730.

L'erreur du voyage du czar Pierre en Hollande en 1678, est de la même nature : il faut dire 1698, mais ce sont des erreurs de noms et de dates qu'un lecteur indulgent peut prendre pour des fautes d'impression, et qu'il faut cependant corriger.

La remarque sur la lettre du roi Auguste au roi Stanislas est d'un autre genre. De votre part ou de la mienne, il y a une erreur de fait qui change absolument toute la perspective de ce trait d'histoire, qui est des plus intéressants dans cette occasion, et qui l'est encore devenu davantage par la tentative que fit M. Hoyms en 1725 pour en retirer l'original par le projet d'un traité qu'il présenta à la reine, et qui avorta par le refus du roi son père. Il n'est pas que vous ne connoissiez MM. de Caraman, de Lanta (1) ou de Vauchoux.

C'est de l'un ou l'autre des trois que je tiens depuis plus de dix ans la copie que je vous ai envoyée (2). J'en avois une précédente, elles

---

(1) Paul de Riquet, comte de Caraman, mort en 1730, ami de mon père. Il eut pour gendre Jacques de Barthelemy de Grammont, chevalier, puis Baron de Lanta, qui logea chez moi en 1722.

(2) Voltaire a eu le grand tort de ne rien changer à ce qu'il avait écrit de Catherine Iᵉ, de son origine et de son premier mariage. On pourrait s'étonner qu'il ne fût pas revenu sur ce point dans son *Histoire de Russie* ; mais Catherine II qui lui avait commandé ce second ouvrage, ne tenait pas sans doute à des rectifications qui auraient pu blesser quelques-uns de ses amants passagers.

étoient conformes. Je crois que je tombe dans les répétitions et vous avoir déjà marqué tout ceci en bonne partie. Quand je serai un peu rendu à moi-même, je vous donnerai du nouveau : mais ce ne sera jamais quand je vous assurerai de la singulière estime avec laquelle je suis véritablement, Monsieur, etc.

FIN

ACHEVÉ D'IMPRIMER

Sur les Presses mécaniques

DE L'IMPRIMERIE BONNEDAME FILS

—

Octobre 1886.

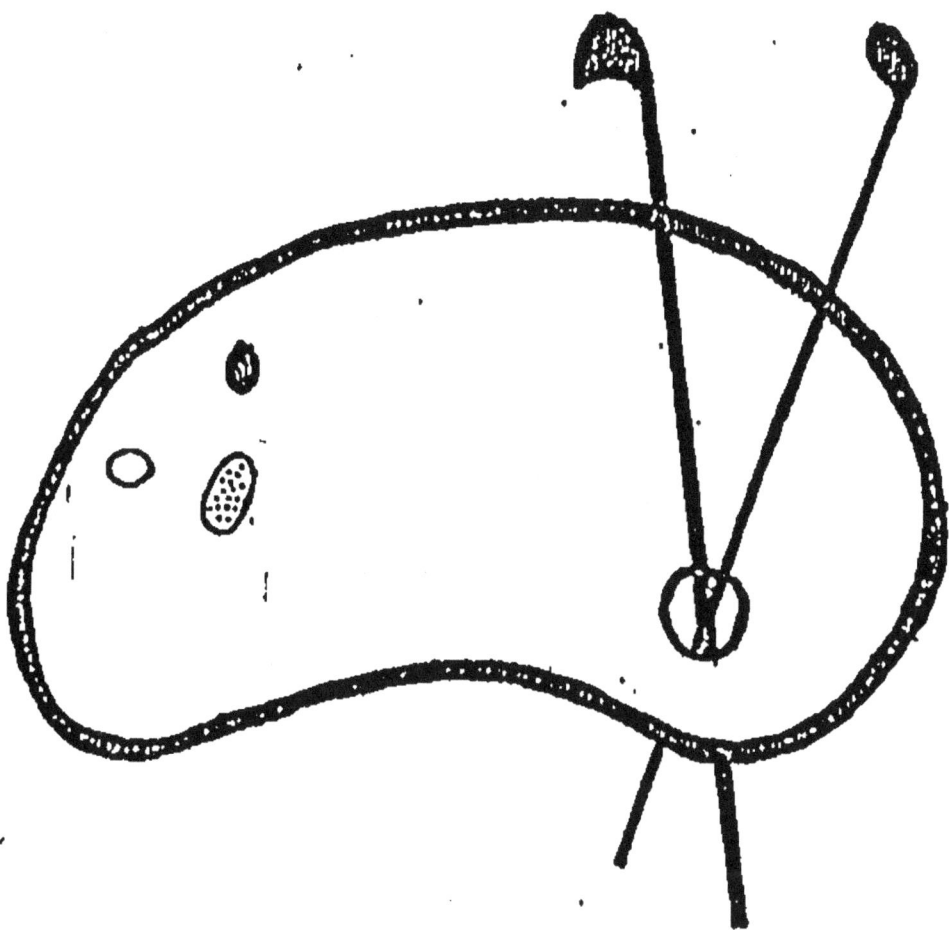

ORIGINAL EN COULEUR
NF Z 43-120-8

www.ingramcontent.com/pod-product-compliance
Lightning Source LLC
Chambersburg PA
CBHW071202200326

41519CB00018B/5329